“十三五”职业教育国家规划教材

高等职业教育计算机类课程
MOOC+SPOC 系列教材

信息技术基础

眭碧霞　张静 / 主编

U0293188

高等教育出版社·北京

内容简介

本书为"十三五"职业教育国家规划教材，本书配套《信息技术基础数字课程》同时入选"十三五"职业教育国家规划教材。

本书旨在培养高职院校学生的综合信息素养，拓展专业视野，促进专业技术与信息技术融合，树立创新意识，培养创新能力。全书分8个单元，以案例为切入点，精心选择教学内容，有效设计教学形式，重点介绍信息技术、计算机技术、软件技术、云计算技术、大数据技术、物联网技术、移动互联网技术、人工智能技术等新兴技术。本书紧跟信息技术、信息社会发展动态，内容新颖、丰富、实用，通俗易懂，结构清晰，具有很强的趣味性和实用性。

本书配有微课视频、课程标准、教学设计、授课用 PPT、习题答案等数字化学习资源。与本书配套的数字课程"信息技术基础"在"智慧职教"平台（www.icve.com.cn）上线，读者可以登录平台进行在线学习及资源下载，授课教师可以调用本课程构建符合自身教学特色的 SPOC课程，详见"智慧职教"服务指南。教师也可发邮件至编辑邮箱1548103297@qq.com 获取相关资源。

本书既可作为高职院校及中等职业学校各专业公共基础课的教材或教学参考用书，也可作为信息技术爱好者的自学用书。

图书在版编目（CIP）数据

信息技术基础 / 眭碧霞，张静主编 . --北京：高等教育出版社，2019.10（2022.8 重印）
 ISBN 978-7-04-052773-5

Ⅰ . ①信… Ⅱ . ①眭… ②张… Ⅲ . ①电子计算机-高等职业教育-教材 Ⅳ . ①TP3

中国版本图书馆 CIP 数据核字（2019）第 220468 号

Xinxi Jishu Jichu

| 策划编辑 | 刘子峰 | 责任编辑 | 许兴瑜 | 封面设计 | 赵 阳 | 版式设计 | 于 婕 |
| 插图绘制 | 邓 超 | 责任校对 | 刘 莉 | 责任印制 | 刘思涵 | | |

出版发行	高等教育出版社		网 址	http://www.hep.edu.cn
社 址	北京市西城区德外大街 4 号			http://www.hep.com.cn
邮政编码	100120		网上订购	http://www.hepmall.com.cn
印 刷	中农印务有限公司			http://www.hepmall.com
开 本	787 mm×1092 mm 1/16			http://www.hepmall.cn
印 张	13.75			
字 数	370 千字		版 次	2019 年 10 月第 1 版
购书热线	010-58581118		印 次	2022 年 8 月第 4 次印刷
咨询电话	400-810-0598		定 价	39.50 元

本书如有缺页、倒页、脱页等质量问题，请到所购图书销售部门联系调换

物 料 号 52773-A0

▮▮ "智慧职教" 服务指南

　　"智慧职教"是由高等教育出版社建设和运营的职业教育数字教学资源共建共享平台和在线课程教学服务平台，包括职业教育数字化学习中心平台（www.icve.com.cn）、职教云平台（zjy2.icve.com.cn）和云课堂智慧职教 App。用户在以下任一平台注册账号，均可登录并使用各个平台。

　　● 职业教育数字化学习中心平台（www.icve.com.cn）：为学习者提供本教材配套课程及资源的浏览服务。

　　登录中心平台，在首页搜索框中搜索"信息技术基础"，找到对应作者主持的课程，加入课程参加学习，即可浏览课程资源。

　　● 职教云（zjy2.icve.com.cn）：帮助任课教师对本教材配套课程进行引用、修改，再发布为个性化课程（SPOC）。

　　1. 登录职教云，在首页单击"申请教材配套课程服务"按钮，在弹出的申请页面填写相关真实信息，申请开通教材配套课程的调用权限。

　　2. 开通权限后，单击"新增课程"按钮，根据提示设置要构建的个性化课程的基本信息。

　　3. 进入个性化课程编辑页面，在"课程设计"中"导入"教材配套课程，并根据教学需要进行修改，再发布为个性化课程。

　　● 云课堂智慧职教 App：帮助任课教师和学生基于新构建的个性化课程开展线上线下混合式、智能化教与学。

　　1. 在安卓或苹果应用市场，搜索"云课堂智慧职教"App，下载安装。

　　2. 登录 App，任课教师指导学生加入个性化课程，并利用 App 提供的各类功能，开展课前、课中、课后的教学互动，构建智慧课堂。

　　"智慧职教"使用帮助及常见问题解答请访问 help.icve.com.cn。

前言

2018 年 1 月，国家信息中心发布了《2017 全球、中国信息社会发展报告》。报告指出：2017 年全球信息社会指数达到 0.5748。这一数据表明：全球将从工业社会进入信息社会。预计到 2020 年，我国信息社会指数将达到 0.6，整体上进入信息社会初级阶段。移动互联网、智能制造、大数据、人工智能等新一代信息技术的不断进步，对产业结构调整、经济发展模式、社会生活方式等各方面产生了全方位的影响，各国也越来越重视信息技术的创新与应用，并先后出台了一系列战略和政策，全球信息社会发展速度回升。

进入信息社会，"互联网+"思维已渗透到人们的日常工作、生活、学习的方方面面，"云计算、物联网、移动互联网、大数据、人工智能"（简称"云物移大智"）与其他技术应用的交叉融合越来越深入，如何提高大学生的信息素养、信息技术的应用能力、信息技术与其他技术的融合能力，已成为高职院校关注的热点。

本书以信息技术基础知识为主线，以案例为切入点，精心设计教材内容，选择与计算机应用、信息技术应用密切相关和必要的基础性知识，特别侧重于对近年涌现出来的"云物移大智"新兴技术的介绍，让学生了解现代信息技术发展的重要内容，理解使用信息技术解决各类自然与社会问题的基本思想和方法，获得当代信息技术前沿的相关知识，拓展专业视野，培养学生借助信息技术对信息进行管理、加工、利用的意识。同时，每个单元配有习题，方便学生进一步学习和巩固所学知识点。

本书配有微课视频、课程标准、教学设计、授课用 PPT、习题答案等丰富的数字化学习资源。与本书配套的数字课程"信息技术基础"在"智慧职教"平台（www.icve.com.cn）上线，学习者可以登录平台进行在线学习及资源下载，授课教师可以调用本课程构建符合自身教学特色的 SPOC 课程，详见"智慧职教"服务指南。教师也可发邮件至编辑邮箱 1548103297@qq.com 获取相关资源。

本书编写组成员均为国家教学团队骨干成员，参与并主持软件技术专业国家教学资源库建设项目及软件技术江苏省品牌专业建设项目。眭碧霞、张静任主编，杜伟、殷兆燕任副主编，杨丹、闫枫、朱利华、周凌翔、叶品菊、唐小燕参与编写。全书由眭碧霞、张静统稿，由眭碧霞审稿并定稿。具体编写分工如下：单元 1 由闫枫、杨丹编写，单元 2 由杜伟、眭碧霞编写，单元 3 由眭碧霞、朱利华编写，单元 4 由殷兆燕编写，单元 5 由唐小燕编写，单元 6 由叶品菊编写，单元 7 由周凌翔编写，单元 8 由张静编写。

在本书的编写过程中，参考了大量国内外相关文献，受益匪浅，特向文献作者表示谢意。

由于作者水平有限，书中难免存在不足，恳请广大读者、专家不吝赐教。

编 者

2019 年 8 月

目录

清晨 6 点，伴随着闹钟响起的音乐，阳光从自动缓缓拉开的窗帘透进房间，你开始了新一天的生活。天气预报穿衣小助手提醒今天比较炎热，外出需注意防晒避暑。伴随着智能音箱推送的经济、体育类新闻的播报，你开始洗漱，厨房里前晚电饭煲预约的八宝粥已经香气四溢了。

用完早餐，开启离家模式，灯光电器设备逐渐关闭、安防警报系统开启布防模式、智能摄像头开启实时监控。你开车去公司，车载导航选出一条目前不拥堵的路线，提示估计 20 min 后到达。到达公司后，首先登录公司的办公系统，收发邮件，查看一天的工作日程安排等。第二天需出差去广州，你登录携程网，使用支付宝支付，预订好南京至广州的高铁并预订好酒店。

忙碌了一天，在回家途中，你远程开启了回家模式，热水器提前启动，空调按指令自动打开，自动调节室内温度，一进家门就是一个清凉的世界。图 1-1 和图 1-2 所示为信息时代的智能生活和智能出行。

图 1-1
信息时代的智能生活

图 1-2
智能出行

信息技术已经渗透到人们生活的方方面面，信息资源的共享和应用为人们的工作、生活、学习带来了便利，当然同样也带来了信息安全方面的巨大挑战。处于信息社会和信息时代里，了解和熟悉信息技术已成为高效工作和快乐生活的必备技能。

文本 单元设计

1.1 信息与信息技术

PPT 1-1
认识与了解信息

微课 1-1
认识与了解信息

笔 记

1.1.1 了解信息

信息普遍存在于人类社会和自然界中，人类自诞生以来就在存储、传播各种信息。在中国古代，对"信息"一词的表述，最初为音、信、音信、消息等。据考证，"信息"一词最早出现于唐代诗人李中《暮春怀故人》的诗句"梦断美人沉信息，目穿长路倚楼台"中，这里的"信息"表示消息的意思。

1. 信息的定义

虽然信息这个词在现在的日常生活中无处不在，但要说清楚信息是什么，给出一个科学的定义，却并不容易。近半个世纪以来，许多科学家和哲学家都在探讨信息的本质和定义。下面是专家、学者在不同的条件下从不同角度对信息的描述。

美国科学家香农被称为是"信息论之父"，他于 1948 年 10 月发表的"通讯的数学理论"论文中指出："信息是用来消除随机不确定性的东西"。信息被表述为消除信息的接收者对信息源发送信息的不确定性。

通过一个小示例来理解香农这句话：小华是一个高三考生，考上一个理想的大学是他的梦想。高考结束后，小华的成绩未知时存在不确定性，成绩公布后则不确定性消除。成绩公布后，小华填报志愿，他是否能进入梦想中的大学同样存在不确定性，只有在他收到大学通知书之后，不确定性才消除。

美国数学家、控制论奠基人维纳在 1948 年提出了"信息就是信息，不是物质，也不是能量"的说法，后来他又在《控制论与社会》一书中提到"要有效地生活，就必须有足够的信息"。维纳从资源的角度来描述信息是不同于物质和能量的资源。

我国学者钟义信于 1996 年在其著作《信息科学原理》中提出："信息是事物运动状态和方式，也就是事物内部结构和外部联系的状态及方式"。可以将其理解为哪里有运动的事物，哪里就存在信息。

通俗点说，可以将信息理解成消息、数据、通知、情报、知识、见闻等传输和处理的对象，可以泛指人类社会获取并传播的一切内容。信息是经过一定的加工后对人们有用的数据，对不同的人而言有不同的价值。

信息常依附于文字、符号、图像、图形、声音、动画、视频等呈现出来，这些文字符号被称为信息的载体。

从古代的烽火、狼烟、鸿雁、信鸽、书信，到现代的书报、广播、电视、电话，到网络时代的 QQ、微信、电子邮件等，都是信息的传播方式。人与人之间面对面交流时，人的语言、表情、动作等也都是信息的传播方式。

接收信息的主体是人类。人体从外界获取信息主要靠人的感觉器官，通过听觉、视觉、触觉、味觉、嗅觉等感受信息，并通过人脑分析、抽象、加工、处理后，指导人类的行为。

2. 信息的特征

信息有许多重要的特征、性质，一般归纳为如下几种。

（1）传递性

信息具有可传递性，可以是口耳相传、飞鸽传书，也可以是面对面交流、网络交流。比如小明生病了，家长要跟老师请假并说明情况，可以亲自到学校当面请假，也可以打电话请假，或通过网络 QQ、微信请假。无论哪种请假方式，都是家长在向老师传递小明生病请假的信息。

现在，信息的传递方式是多样化的，信息的传递打破了时空限制，人们足不出户就可以欣赏到精彩的春节联欢晚会、奥运会、世界杯等。

（2）共享性

信息是可以被复制、传播并分享给多个用户的。在信息被原持有者传递给另一个用户时，原持有者的信息量不会减少，也不会丢失。

萧伯纳曾说过："如果你有一个苹果，我有一个苹果，彼此交换，我们每个人仍然只有一个苹果；如果你有一种思想，我有一种思想，彼此交换，我们每个人就有了两种思想，甚至多于两种思想。"

如果甲有一个消息，乙有一个消息，甲乙相互交换后，两人就都至少有了两个消息，甚至会多于两个消息。

（3）依附性

信息不能独立存在，信息的表示、传播、存储等都需要依附于一定的载体。小明在睡觉之前上网查看课表以准备第二天的课本，这里的信息通过网络进行传播，信息依附的载体是数字校园的教务系统。

相同的信息可以依附于不同的载体。如学校下发的端午放假安排，可以通过数字校园的"公共通知"栏发布，也可以打印纸质放假通知，还可以由班主任开班会来当面向同学们传达。

（4）时效性

信息作为对事物的运动状态和方式的反映，往往反映的只是事物某一特定时刻的状态，会随着客观事物的变化和时间的推移而变化。

最典型的如天气预报、股市信息、交通信息等都在日新月异地变化，甚至稍纵即逝。小明的爸爸开车去上海出差，车载导航中的地图是两年前的，在旧地图的指引下，小明的爸爸在上海迷路了；端午放假的通知在端午之后再发布，就失去了意义；商场五一搞促销活动，只在 5 月 1 日～3 日三天内有效，5 月 4 日就不再进行了。

（5）价值相对性

信息是有价值的，但也是因人而异的，即信息的价值是相对的。相同的信息对于不同的人来说，价值是不一样的。

例如，一个计算机专业和一个外语专业的同学去听一个关于大数据的讲座，计算机专业的同学觉得讲座很精彩，这说明了讲座信息对他是有很大价值的，而外语专业的同学因为听不懂，收获甚微，甚至感觉毫无价值。

另外，信息又是可以增值的，在信息加工过程中，可以获得更重要的信息，即原有信息增值。

笔 记

（6）真伪性

信息有真信息和伪信息，即真实信息和虚假信息。伪信息的产生可能是由于人的认知差异或对信息的理解未与实际的环境联系导致，也可能是信息源就是虚假的。现如今，网络上信息泛滥，假新闻已成为社交媒体的大问题，让许多用户难以忍受，如何判断网络信息真伪性是一个新的难题，如图 1-3 所示。

图 1-3
网络信息真假难辨

信息还有很多特征，如可加工性、可存储性、普遍性、可转化性等。对信息特征的理解能加深人们对信息概念的理解。

处于信息时代，人们每天都会接收到大量的信息，其中有些信息是有益的，有些则对人们的学习和成长不利，因此要炼成火眼金睛，学会甄别信息的真伪，懂得分析及取舍。在发布信息的时候，也要养成良好的道德习惯，不要发布垃圾信息、有害信息。

笔 记

1.1.2　数据、信息和消息

在现实生活中，经常听到数据、消息、信息这些词，它们是很容易被混淆的概念，它们之间是有联系和区别的。

数据是信息的载体。数据是对客观事物的逻辑归纳，用来表示客观事物的未经加工的原始素材。它直接来自于现实，可以是离散的数据，如数字、文字、符号等，也可以是连续的数据，如声音、图像等。数据仅代表数据本身，表示发生了什么事情。例如，经测量小明的身高为 180 cm，单纯的 180 这个数据并没有意义，只是个数字而已。但当这个数据经过处理和加工，跟特定的对象小明关联时，便赋予了意义，这时便是信息。

因此信息是加工处理后的数据。经过分析、解释和运用后，信息会对人的行为产生影响。数据是原材料，信息是产品，是数据的含义，是人类可以直接理解的内容。

由此可见，信息能够帮助人们做出决策，带有人们主观方面的因素，而数据一般理解为纯客观的事实记录。在计算机时代，信息的存储和传播需要经过数字化转换为计算机中的数据。

在日常生活中，人们也常常错误地把信息等同于消息，认为得到了消息，就是得到了信息，但两者其实并不是一回事。消息中包含信息，信息是消息的阅读者从中提炼出来的。

一则消息中可承载不同的信息，它可能包含非常丰富的信息，也可能只包含很少的信息。如你接听了朋友电话，朋友说"我想去旅行"。朋友只说了一句话，但你可能会从这句话中提取出很大的信息量，所有的信息都是你根据朋友的消息理解和提取的。

1.1.3 信息技术

我国 2006 年印发的《国家"十一五"基础研究发展规划》中提出，信息科学是研究信息的产生、获取、变换、传输、存储、处理、显示、识别和利用的科学，是一门结合了数学、物理、天文、生物和人文等基础学科的新兴与综合性学科。

根据信息科学研究的基本内容，可以将信息科学的基本学科体系分为 3 个层次，分别是哲学层、基础理论层、技术应用层。

信息技术位于信息科学体系的技术应用层，属于信息科学的范畴。

PPT 1-2
什么是信息技术

1. 什么是信息技术

信息技术（Information Technology，IT）一般是指在信息科学的基本原理和方法的指导下扩展人类信息功能的技术。

人类的信息器官包括感觉器官、神经器官、思维器官、效应器官。随着时代的发展，人类的信息活动越来越复杂，人们需要不断提高自己的信息处理能力，扩展人类信息器官的功能，于是各种信息技术应运而生。例如，人眼观察的范围有限，不能看到很远的地方，则产生了信息感测技术，可以利用雷达、卫星遥感等观测到远方的信息。

微课 1-2
什么是信息技术

信息技术是以电子计算机和现代通信技术为主要手段，实现信息的获取、加工、传递和利用等功能的技术总和。信息技术包括信息传递过程中的各个方面，即信息的产生、收集、交换、存储、传输、显示、识别、提取、控制、加工和利用等相关技术。综上所述，信息技术包括了传感技术、通信技术、计算机技术等。

2. 信息技术的发展

笔 记

随着人类社会的发展历程，信息作为一种社会资源，一直以来都在被人类所使用，只是使用的能力和程度高低不同。语言、文字、印刷术、烽火台、指南针等作为古代信息传播的手段，都曾发挥过重要的作用。

信息技术的发展经历了一个漫长的时期，一般认为人类社会已经发生过 5 次信息技术革命。

- 第 1 次信息技术革命是语言的产生和使用，是从猿进化到人的重要标志，语言成为人类进行思想交流和信息传播中不可缺少的工具。
- 第 2 次信息技术革命是文字的出现与使用，使人类对信息的存储和传播超越了时间和地域的局限。
- 第 3 次信息技术革命是印刷术的发明和使用，使书籍、报刊成为重要的信息存储和传播的媒体，为知识的积累和传播提供了更为可靠的保证。
- 第 4 次信息技术革命是电话、电视、广播信息传递技术的发明，使人类进入利用电磁波传播信息的时代，进一步突破了时间与空间的限制。
- 第 5 次信息技术革命是计算机技术和现代通信技术的普及与应用，使人类社会进入了数字化的信息时代，信息的处理速度、传递速度得到惊人提高。

未来信息技术的发展趋势主要为多种技术的综合应用，速度越来越快，容量越来越大，数字化程度越来越高，产品越来越智能。

3. 信息技术的分类

信息技术作为一种技术的总和，蕴含着丰富的含义和内容。一般认为，信息技术是一门多学科交叉综合的技术，传感技术、通信技术、计算机技术和控制技术是信息技术的四大基本技术。计算机技术、通信技术和多媒体技术、网络技术互相渗透、互相作用、互相融合，将形成以智能多媒体信息服务为特征的大规模信息网。

按表现形态的不同，信息技术可以分为硬技术与软技术。硬技术指各种信息设备及其功能，如电话、通信卫星、计算机等；软技术指有关信息获取与处理的各种知识、方法与技能，如数据统计分析技术、计算机软件技术等。

根据工作流程中基本环节的不同，信息技术可分为信息获取技术、信息传递技术、信息存储技术、信息加工技术及信息标准化技术。

日常用法中，也有人按使用的信息设备不同，把信息技术分为电话技术、电报技术、广播技术、电视技术、复印技术、缩微技术、卫星技术、计算机技术、网络技术等。还有人按信息的传播模式将信息技术分为传者信息处理技术、信息通道技术、受者信息处理技术、信息抗干扰技术等。

信息技术对人类社会的积极影响主要体现在经济、教育、科研、管理、文化、生活等各个方面，但同时信息技术也带来了一些负面影响，包括信息泛滥、信息污染、信息犯罪、信息渗透等。

1.1.4 信息技术外包

地方的商业银行，为了提高管理水平和服务效率，节约信息技术建设和运营维护成本，将本银行信息系统、通信网络、数据备份和数据恢复、信息技术培训等方面的工作，交给一个知名的科技公司去管理。这种行为就是信息技术外包（Information Technology Outsourcing，ITO）。

信息技术外包指企业为了专注于自己的核心业务，将企业相关信息技术交给专业的信息技术服务公司去实施和管理，可以理解为让专业的人去做专业的事。

信息技术外包可以提供产品支持与专业服务的组合服务，用于向客户提供 IT 基础设施，也可提供企业应用服务，或同时提供这两方面的服务。信息技术外包主要包括信息系统的开发和维护、数据中心的建设和运作、通信网络的组建和管理、信息技术培训和支持服务等，具体服务如图 1-4 所示。

图 1-4
信息技术外包服务

在信息技术外包中存在着外包方、承包方和外包项目。外包关系的主体是外包方和承包方，客体是外包项目，缺一不可。根据主体的地理位置状况，信息技术外包分为境内外包和离岸外包两种：境内外包是指外包方和承包方来自同一个国家，外包工作在境内完成；离岸外包则指外包方和承包方来自不同的国家，外包工作多国合作，跨国完成。

信息技术的飞速发展带动了信息技术服务行业的发展，信息技术服务行业的分类越来越细，产品与服务的设计、开发、测试、维护已经日趋流程化。信息技术外包对外包方企业来讲，若企业信息技术人才不足，则不用考虑自己培养信息技术方面的工程师，可以通过外包获得较新及较好的信息技术、高效专业的信息技术服务，企业资源可以重新分配，将精力投入到非 IT 业务，提高企业的核心竞争力。对承包方企业来说，有利于知识和软件在不同企业间的重用，促进信息技术服务提供商的发展，形成信息技术外包产业，规模化经营，降低信息技术服务成本，提高服务效率。

但信息技术外包同样面临诸多风险，最可能导致的风险是外包方在信息技术方面依赖于承包方，又不能对承包方的行为进行有效控制，以及承包方提供的质量和服务存在着不确定性和不可预测性，增加了隐性的成本。

1988 年，日本的 Kodak 公司宣布将信息技术业务外包给 IBM 公司和 DEC 公司，揭开了 IT 业务外包的帷幕。在随后的很长一段时间内，信息技术业务外包取得了前所未有的进展。虽然受全球经济危机影响，整个产业面临着一些新的挑战，产业发展速度放缓，服务外包一度处于低迷状态，但新一代信息技术在政府、金融、通信、交通、贸易、物流、能源等领域的广泛运用，为信息技术外包产业发展注入了新的动力，全球信息技术外包产业持续增长。

全球软件外包业务的离岸发包市场由美国、欧洲和日本等发达国家和地区主导，市场格局较为稳定。其中，美国是全球最主要的软件发包国家，2017 年的发包规模占全球市场的 55.3%，欧洲和日本分别占据第二位和第三位。全球离岸接包市场竞争较为激烈，印度、爱尔兰、加拿大和中国组成了软件接包国家的第一梯队，市场占有率约为 66.9%；菲律宾、墨西哥和俄罗斯组成了第二梯队；澳大利亚、新西兰和马来西亚等国家组成了第三梯队。

根据工业和信息化部的统计，2017 年，全国软件和信息技术服务业完成软件业务收入 5.5 万亿元，全行业实现利润总额 7020 亿元，其中，外包服务出口增长 5.1%，比上年提高 4.4 个百分点。2017 年，全行业实现信息技术服务收入 2.9 万亿元。

随着大数据、云计算、人工智能等新技术的应用和扩展，信息技术相关产业的活力将不断增强。另外，"一带一路"也为软件和信息技术服务外包产业的发展提供了新的机遇。据有关报告数据分析，2017 年，在中国对东盟十国的直接投资中，信息传输、软件和信息技术服务业等投资存量达到 6.6 亿美元。

笔 记

1.2 信息时代

1.2.1 信息化与信息社会

信息化是当今世界社会和经济发展的大趋势，也是产业优化升级和实现工业化、现代化的关键环节。那么，什么是信息化？信息化包含哪些方面？我国信息化的发展如何呢？

信息化首先是由日本学者梅棹忠夫于 20 世纪 60 年代提出来的。关于信息化的表述，在我国政府内部和学术界有过较多的研讨。

在《2006—2020 年国家信息化发展战略》中这样描述信息化："信息化就是充分利用信息技术，开发利用信息资源，促进信息交流和知识共享，提高经济增长质量，推动经济社会发展转型的历史进程。"

首届全国信息化工作会议，将信息化定义为"信息化是指培育、发展以智能化工具

PPT 1-3
信息化、信息社会和
信息系统

微课 1-3
信息化、信息社会和
信息系统

笔 记

为代表的新的生产力并使之造福于社会的历史过程"。将国家信息化定义为"在国家的统一规划和组织下，在农业、工业、科学技术、国防及社会生活各个方面应用现代信息技术，深入开发广泛利用信息资源，加速实现国家现代化进程"。

有人将信息化理解为一个社会发展过程，是从物质生产占主导地位的社会向信息产业占主导地位的社会转变的发展过程，是从工业社会向信息社会演进的过程。

从覆盖范围来看，信息化可分为国家信息化、区域信息化、城市信息化、企业信息化、家庭信息化等。国家信息化可分为国防信息化、经济信息化、社会信息化。从信息化的经济行为主体看，信息化又可分为政府信息化、教育信息化、行业信息化等。

1994 年，我国提出了"三金工程"，即金桥工程、金关工程、金卡工程，进行信息基础设施建设。1997 年，国家把信息化提到了国家战略的高度，做出了以信息化带动工业化、以工业化促进信息化、走新型工业化道路的战略部署。随着我国经济的高速增长和政策指引，我国信息化有了显著的发展和进步，缩小了与发达国家的距离，在电子信息产业、医疗、政务、金融、教育等各个领域都取得了明显的成果。

2016 年，国务院办公厅印发《国家信息化发展战略纲要》，为未来 10 年的国家信息化发展给出了规范性和指导性的意见。2018 年 4 月，全国网络安全和信息化工作会议召开，总书记在会上强调"信息化为中华民族带来了千载难逢的机遇"。会议系统地明确了一系列的方向性、全局性、根本性、战略性问题，进一步推动和加快了我国信息化的发展速度。

信息化对人们的工作、生活、学习和文化传播方式产生了深刻影响，促进了国民素质的提高和人们的全面发展。当社会生活实现极大程度的信息化时，意味着我们已经进入了信息社会。

信息社会，也称为信息化社会，是以电子信息技术为基础，以信息资源为基本发展资源，以信息服务性产业为基本社会产业，以数字化和网络化为基本社会交往方式的新型社会。在信息社会中，信息、知识成为重要的生产力要素，和物质、能量一起构成社会赖以生存的三大资源。

2017 年，国家信息中心发布了《2017 全球、中国信息社会发展报告》。该报告指出，2017 年全国信息社会指数（ISI）达到 0.474 9，预计 2020 年的全国信息社会指数将达到 0.6，整体上进入信息社会初级阶段。

1.2.2 信息系统

我们经常会听到这样一些缩写词，如 DPS、MIS、DSS、OAS、GIS 等，这些都是以计算机为基础的面向管理的信息系统。

信息系统（Information System）是由计算机硬件、网络和通信设备、计算机软件、信息资源、信息用户和规章制度组成的以处理信息为目的的人机一体化系统，是一个由人、计算机及其他外围设备等组成的能进行信息的收集、传递、存储、加工、维护和使用的系统。

信息系统的目的是基于计算机、通信网络等现代化的工具和手段服务于管理领域，提高企业的管理水平和经济效益。

信息系统包括输入、处理、输出和反馈 4 个部分。输入是指输入数据；处理是对原始输入数据进行转换或变换；输出指输出有用的信息，以服务于信息系统；反馈则是进行有效控制的重要手段，用于调整前 3 个部分。

信息系统包括信息采集、加工、存储、传输、检索等处理功能。信息采集指把分布在各部门的有关信息进行收集，记录数据并转换成信息系统所需的形式。采集到的信息由信息系统进行存储并进行数据的统计、分析处理等，得到有用的信息，进行传输或输出展示。

信息系统的开发涉及计算机技术基础与运行环境，主要包括计算机硬件技术、计算机软件技术、计算机网络技术和数据库技术。

笔 记

信息系统进入企业管理，被用来提高企业核心竞争力，帮助企业创造更多的利益。常见的信息系统有数据处理系统（Data Processing System，DPS）、管理信息系统（Management Information System，MIS）、决策支持系统（Decision Support System，DSS）、办公自动化系统（Office Automation System，OAS）、地理信息系统（Geographic Information System，GIS）、企业资源规划（Enterprise Resource Planning，ERP）系统等。图 1-5 所示是一款典型的企业信息管理系统。

图 1-5
企业信息管理系统

•1.2.3 教育信息化

小明是某高校一年级的学生，他在学校一天的活动离不开他的校园"一卡通"。"一卡通"在校内集学生证、借书证、医疗证、就餐卡、钱包等功能于一体。早上起床后，他先刷卡离开公寓，到操场参加每天的早锻炼，并通过考勤系统进行刷卡考勤。随后到食堂刷卡吃早餐，用餐后在休息的时间，他使用手机浏览学校网站并登录网络学习平台，查看老师对昨天提交作业的批改信息，并观看老师提前发布的上课视频。中午，小明收到公选课的选课通知，他登录教务系统，查看了自己公选课的学分，然后进入选课系统，选定了本学期的网络公选课——影视鉴赏。图 1-6 所示为网络学习平台。

PPT 1-4
教育信息化

微课 1-4
教育信息化

图 1-6
网络学习平台

小明作为信息社会的原住民，在教育信息化的影响下，在智慧校园的信息系统中，他应付自如，如鱼得水。教育信息化给教育注入了新的活力。

教育信息化的提出始于 20 世纪 90 年代。1993 年 9 月，美国政府正式提出建设国家信息基础设施（National Information Infrastructure，NII）的计划，俗称"信息高速公路"的计划，其核心是发展以 Internet 为核心的综合化信息服务体系和推进信息技术在社会各领域的广泛应用，特别是把信息技术在教育中的应用作为实施面向 21 世纪教育改革的重要途径。美国的这一举动引起世界各国的积极反应，许多国家的政府相继制订了推进本国教育信息化的计划。

我国一直致力于教育信息化的建设，通过教育信息化基础环境的不断投入与建设，为教育信息化打下了坚实的基础。

1. 教育信息化的概念和含义

我国有学者曾对教育信息化给出过这样的定义："教育信息化是指在教育与教学领域的各个方面，在先进的教育思想指导下，积极应用信息技术，深入开发、广泛利用信息资源，培养适应信息社会要求的创新人才，加速实现教育现代化的系统工程。"

也有学者这样描述："教育信息化也指在教育领域全面深入地运用现代化信息技术来促进教育改革和教育发展的过程，其结果必然是形成一种全新的教育形态——信息化教育。"

根据上述的定义可以看出，教育信息化是随着信息技术的发展而不断发展和深化的过程。教育信息化包括了教育系统的管理、教学、科研等各个领域。教育信息化的目的是实现教育的现代化，要充分有效地利用信息技术，注重教育资源的信息化，实现教育资源的共享，提高教育教学质量。

教育信息化的特征可以从不同层面来描述。

从技术层面看，教育信息化的特征包括数字化、网络化、智能化和多媒体化。数字化主要体现为管理和教学资源的数字化，如数字化校园和教学资源库平台等；网络化体现为通过教育网、互联网等实现教育资源的共享，减少时空限制；智能化表现为借助系统做到教学行为人性化，资源推送精准化；多媒体化则表现在教育教学资源的表示以多元化呈现。

从教育层面看，教育信息化更多地体现的是自身的开放性、共享性、交互性与协作性。开放性和共享性使教育社会化，打破了以学校教育为中心的教育体系，通过开放的网络教育平台，提供大量丰富的优质的教育资源给有需要的学习者。交互性和协作性可使教师与学习者、教师与教师、学习者与学习者之间多向交流，为教育者和学习者提供了更多的协作完成任务的机会。

教育信息化的最终目的是信息化教育。

2. 教育信息化的组成要素

信息技术对教育教学的影响越来越大，在教育领域中的作用也日益重要。教育信息化组成要素包括硬件基础、数字化教育资源、信息化人才等。其中，硬件基础是最基本的，数字化教育资源是核心，信息化人才是关键。同时国家的信息化相关法规和标准是教育信息化实施的保障。

硬件基础主要包含信息网络建设，近年来，国家对教育信息化基础环境的不断投入与建设，为教育信息化打下了坚实的基础。我国已经建成并启用了中国教育与科研网（CERNET）、中国卫星宽带远程教育网络、高校"数字校园"建设工程、中小学远程教育建设工程，以及应用于学校教学的网络教室、电子阅览室等。

数字化教育资源是用于教育和教学过程的各种信息资源，它的开发和利用关系到教育信息化建设成败。数字化教育资源分教育软件资源和教育管理信息资源两大类。教育软件资源以教育信息为主要内容，主要包括各种网络数字课程、多媒体素材、各类电子课件等资源。例如，各种 MOOC 学院、网络学习平台，以文献资料查阅和检索服务为主的图书情报信息资源，各种软件工具类资源及能被教育应用的 Internet 资源等。教育管理信息资源以管理信息系统的基础数据为主要内容，主要是指为实施现代教育管理而建立的各类数据库资源及相关软件资源等，如以各种应用服务系统为载体的将教学、科研、管理和校园生活进行充分融合的智慧校园。

信息化人才是教育信息化的关键。教师是推动教育信息化建设的主要力量，教育信息化离不开广大教师的积极参与。在信息化时代，教师需要具备良好的信息素养，掌握各种相关的信息技术。教师要能利用信息技术构建有利于学生学习的教学环境；能利用信息化资源突破教育教学重点及难点，激发学生学习兴趣；能指导学生获取信息化学习资源，有效地运用信息技术进行学习，提高学习效率。国家、省、学校等各级部门举办的信息化教学大赛、微课竞赛是提高教师信息化能力的一种有效手段。

教育信息化是一项系统工程。为确保我国教育信息化工作的顺利进行，国家政府及相关部门制定了一系列政策、法规和标准，作为教育信息化健康发展的重要条件和保障。

教育部编制了《教育信息化十年发展规划（2011—2020 年）》，以教育信息化带动教育现代化，促进优质教育资源的普及共享，推进信息技术与教育教学深度融合。

2018 年 4 月，教育部印发的《教育信息化 2.0 行动计划》是教育信息化的升级。教育信息化 2.0 提出要实现从专用资源向大资源转变，从提升学生信息技术应用能力向提升信息技术素养转变，从应用融合发展向创新融合发展转变，从而推进了新时代教育信息化的发展，为教育信息化的开展提供了依据和蓝图。

1.3 信息安全

网络信息的快速发展和广泛应用，对人们的生活、工作、思维方式等产生了巨大的影响，推动了人类社会的发展和人类文明的进步。然而，人们在享受信息化带来便利的同时，也面临信息安全的诸多问题，网络的信息安全已经成为全世界重点关注的问题。

2021 年，某国际公共卫生系统披露了一起大规模数据泄露事件。黑客通过网络攻击入侵该系统网站，获得了大量病人的个人医疗信息，其中可能包括病人全名、出生日期、实际地址、电子邮件地址等关键信息，该起数据泄露事件估计影响超 130 万人。无独有偶，同年某知名协会网站 8 万多名会员的个人数据被泄露，包括数百万个文件，泄露的数据类型包括姓名、性别、地址、账号和密码等。

图 1-7
数据泄露

笔记

PPT 1-5
信息安全概述

据报道，2016 年上半年的全球数据泄露事件高达 974 起，即上半年每个月大概有 162 起数据泄露事件，细化到每日就是 5 起。到 2017 年，用户数据泄露趋势更加严重化。《2017 年全球数据泄露成本研究》报告指出，对比往年，2017 年企业和组织数据泄露的规模比以往更大，平均规模增长了 1.8%。

•1.3.1 什么是信息安全

微课 1-5
信息安全概述

信息安全是信息的影子，哪里有信息哪里就存在信息安全问题。其实，信息安全是古已有之的话题，长期以来，人们往往把信息理解为军事、政治、经济等社会生活中的情报，而信息安全也往往被理解为情报的真实、保密。现代意义上的信息安全概念形成于电子通信技术特别是数字技术问世之后，其内涵随着现代信息技术的发展与应用逐步丰盈。

现代信息安全的基本内涵最早由信息技术安全评估标准（Information Technology Security Evaluation Criteria，ITSEC）即业界通常称的"橘皮书"定义。ITSEC 阐述和强调了信息安全的 CIA 三元组目标，即保密性（Confidentiality）、完整性（Integrity）和可用性（Availability），如图 1-8 所示。

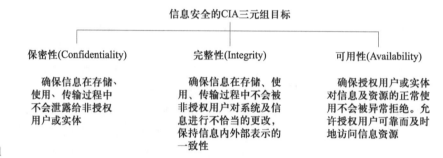

图 1-8
信息安全的 CIA 三元组

这一界定获得了业界的公认，成为现代意义上的信息安全的基本内涵。按照 ISO 7498-2 的定义，在 OSI 参照模型框架内能选择的安全性服务有 5 个，即身份认证、访问控制、数据保密性、数据完整性、不可否认性等。

（1）身份认证（Authentication）

身份认证的服务方式有 3 种：同层实体的身份认证、数据源身份认证、同层实体的相互身份认证。

同层实体的身份认证是为了向同一层的实体证明高层所声明的那个实体确实是会话过程中所说的那个实体，它可以防止实体的假冒，一般用于会话建立阶段。数据源身份认证是保证接收方所收到的消息确实来自于发送方这个实体。同层实体的相互身份认证与同层实体的身份认证完全一样，只是这时的身份认证是双方相互确认的，其攻击和防御的方法与同层实体的身份认证也是相同的。

（2）访问控制（Access Control）

访问控制是为了限制访问主体对访问客体的访问权限。访问控制是对那些没有合法访问权限的用户访问了系统资源或合法用户不小心对系统资源的破坏行为加以控制。

（3）数据保密性（Confidentiality）

数据保密性是为了确保信息在存储、传输及使用过程中不被未授权的实体所访问，从而防止信息的泄露，即防止攻击者获取信息流中的控制信息。

笔记

（4）数据完整性（Integrity）

数据完整性是为保证信息在存储、传输及使用过程中不被未授权的实体所更改或损坏，不被合法实体进行不适当的更改，从而使信息保持内部、外部的一致性。

（5）不可否认性（Non-Repudiation）

不可否认性是用来防备对话的两个实体中的任一实体否认自己曾经执行过的操作，不能对自己曾经接收或发送过任何信息进行抵赖。

信息安全可以表示成一个五元组的函数，即 5 个属性组成的函数，如下式所示。

$$S = f(A, I, C, V, R)$$

其中，S 代表信息安全，A 代表身份认证，I 代表数据完整性，C 代表数据保密性，V 代表访问控制，R 代表不可否认性。而每一个属性又可以表示成一个函数，如 $A = u(a)$，其中，a 代表与身份认证属性相关的各种实例。同样，I、C、V、R 也可以表示成这样的函数。A、I、C、V、R 这些函数的取值只有两种，分别为 0 和 1，0 代表违反了相应属性，1 代表遵守了相应属性，只有当 5 个属性值全为 1 时，S 的值才为 1，否则该系统存在安全风险。我们知道，系统不可能达到 100%安全，S=1 是理想状态。

目前，信息安全学科已经成为一门独立的学科，任何一个现有学科都无法完全包含信息安全学科，我国已经形成了完整的信息安全学科体系。

1.3.2 信息安全的威胁种类

信息安全是任何国家、政府、部门、行业都必须十分重视的问题，是一个不容忽视的国家安全战略。各国的信息网络已经成为全球网络的一部分，任何一点上的信息安全事故都可能威胁到本国或他国的信息安全。

威胁信息安全的因素是多种多样的，从现实来看，主要有以下几种情况。

1. 计算机病毒

计算机病毒是一段可执行的程序，它一般潜伏在计算机中，达到某些条件时被激活，影响计算机系统正常运行。《中华人民共和国计算机信息系统安全保护条例》中明确定义了计算机病毒：“编制者在计算机程序中插入的破坏计算机功能或者破坏数据，影响计算机使用并且能够自我复制的一组计算机指令或者程序代码”。

计算机病毒具有潜伏性、传染性、突发性、隐蔽性、破坏性等特征。计算机一旦被感染，病毒会进入计算机的存储系统，如内存，感染内存中运行的程序，无论是大型机还是微型机，都难幸免。随着计算机网络的发展和普及，计算机病毒已经成为各国信息战的首选武器，给国家的信息安全造成了极大威胁。

2017 年 5 月 12 日，全球突发的比特币病毒疯狂袭击公共和商业系统。英国超过 40 家医院遭到大范围网络黑客攻击，国家医疗服务系统（NHS）陷入一片混乱，大量病人无法就医；此外，多个高校校园网也集体沦陷。全球有 74 个国家或地区受到严重攻击，包括英国、俄罗斯等欧洲国家的多个高校校内网、大型企业内网和政府机构专网中招，用户要在 5 个小时内支付高额赎金（有的需要比特币）才能解密并恢复文件。

2. 网络黑客

“黑客”一词是英文 Hacker 的音译，是指那些拥有丰富的计算机知识和高超的操作技能、能在未经授权的情况下非法访问计算机系统或网络的人。目前，全世界有 20 多万个"黑客"网站。在无所不在的信息网络世界里，"无网不入"的"黑客"已经成为信息安全的严重威胁。"黑客"的动机很复杂，有的是为了获得心理上的满足，在黑客攻击中显示自己的能力；有的是为了追求一定的经济利益和政治利益；有的则是为恐怖主义势力服务，甚至就是恐怖组织的成员；更有甚者直接受政府的指挥和操纵。

2015 年，一群黑客利用某社交 APP 中那些看似是照片的数据侵入了美国国防系统，入侵了美国政府，并攻陷了国防部的多台计算机。这些黑客组织技术极具创新性。他们的机器每天检测不同的 APP 账户，一旦账户被注册，入侵用户计算机的行为就会被激活。当用户发送信息，如网址、数字、信件等时，其计算机就会自动转到特定网址，用户信息也会随之被解码。

3. 网络犯罪

网络犯罪是随着互联网的产生和广泛应用而出现的。在我国，网络犯罪多表现为诈取钱财和破坏信息，犯罪内容主要包括金融欺诈、网络赌博、网络贩黄、非法资本操作和电子商务领域的侵权欺诈等。犯罪主体将更多地由松散的个人转化为信息化、网络化的高智商集团和组织，其跨国性也不断增强。日趋猖獗的网络犯罪已对国家的信息安全以及基于信息安全的经济安全、文化安全、政治安全等构成了严重威胁。

2015 年 5 月，360 联合北京市公安局推出了全国首个警民联动的网络诈骗信息举报平台——猎网平台，这个平台开创了警企协同打击网络犯罪的创新机制和模式。猎网平台大数据显示，网络诈骗实际上仍然以"忽悠"为主，如不法分子会将付款二维码贴在共享单车车身上，甚至替换掉车身原有的二维码，很多初次使用共享单车的用户很容易误操作将费用转给对方。

4. 预置陷阱

预置陷阱就是在信息系统中人为地预设一些"陷阱"，以干扰和破坏计算机系统的正常运行。在对信息安全的各种威胁中，预置陷阱是其中最可怕也是最难以防范的一种威胁。

预置陷阱一般分为硬件陷阱和软件陷阱两种。硬件陷阱主要是指蓄意更改集成电路芯片的内部设计和使用规程，以达到破坏计算机系统的目的；软件陷阱则是指信息产品中被人为地预置了嵌入式病毒。预置陷阱一般具有较强的技术性和隐秘性，普通人难以察觉，而这也给信息安全及保密等工作带来了极大威胁。

5. 垃圾信息

垃圾信息是指利用网络传播的违反所在国法律及社会公德的信息。垃圾信息种类繁多，主要有政治反动信息、种族和宗教歧视信息、暴力信息、黄色淫秽信息、虚假欺诈信息、冗余过时信息、人们所不需要的广告信息等。全球互联网上的垃圾信息日益增多、泛滥成灾，已对信息安全造成了严重威胁。

垃圾邮件是垃圾信息的重要载体和表现形式之一。通过发送垃圾邮件进行阻塞式攻击，成为垃圾信息侵入的主要途径。其对信息安全的危害主要表现在，攻击者通过发送大量邮件污染信息社会，消耗受害者的宽带和存储器资源，使之难以接收正常的电子邮件，从而大大降低工作效率。或者某些垃圾邮件中包含病毒、恶意代码或某些自动安装的插件等，只要打开邮件，它们就会自动运行，破坏系统或文件。

6. 隐私泄露

伴随着移动互联网、物联网、云计算等信息技术日新月异，全球数据量剧增，人类已经进入"大数据时代"。伴随大数据而来的就是大量包含个人敏感信息的数据（隐私数据）存在于网络空间中：电子病历涉及患者疾病等的隐私信息，支付工具记录着人们的消费情况，GPS 完全掌握人们的行踪，各类搜索引擎知道人们的偏好，社交 APP 知道人们的朋友圈等。这些带有"个人特征"的信息碎片正汇聚成细致全面的大数据信息集，可以轻而易举地构建网民个体画像。

近年来，国内外隐私泄露事件不断发生，泄露的内容也五花八门，包括个人身份信息、位置信息、网络访问习惯、兴趣爱好等，令人触目惊心。2013 年，爱德华·斯诺登的爆料使得美国最高机密监听项目——"棱镜计划"公之于众，进而使人们对大规模元数据采集所涉及的个人隐私问题有了全新的认识与定位。中新网 2018 年 1 月 8 日的报道，假冒中国驻澳使领馆名义进行的电信诈骗案件连续发生，不法分子利用各种手段获取公民个人信息，使一些中国公民上当受骗，蒙受经济损失。由此可以看出，大数据时代隐私遭遇严重威胁。

1.3.3 信息安全技术

据统计，99%的大公司都发生过大的被入侵事件。世界著名的商业网站，如 eBay、Amazon 等，都曾被黑客入侵，造成了巨大的经济损失。甚至连专门从事网络安全的 RSA 网站也受到过黑客的攻击。

PPT 1-6
信息安全技术

信息安全技术主要用于防止系统漏洞，防止外部黑客入侵，防御病毒破坏和对可疑访问进行有效控制等，同时还应该包含数据灾难与数据恢复技术，即在计算机发生意外、灾难时，还可使用备份还原及数据恢复技术将丢失的数据找回。典型的基础的信息安全技术有以下几大类。

（1）加密技术

在保障信息安全的诸多技术中，密码技术是信息安全的核心和关键技术。使用数据加密技术，可以在一定程度上提高数据传输的安全性，保证传输数据的完整性。

信息加密的目的是保护网内的数据、文件、口令和控制信息，保护网上传输的数据。数据加密技术主要分为数据传输加密技术和数据存储加密技术。数据传输加密技术主要是对传输中的数据流进行加密。

微课 1-6
信息安全技术

一个数据加密系统包括加密算法、明文、密文及密钥。密钥控制加密过程和解密过程。加密过程是通过加密系统把明文（原始的数字信息）按照加密算法变换成密文（变换后的数字信息）的过程。加密系统的密钥管理是非常重要的，因为一个加密系统的全部安全性都是基于密钥的。

数据加密算法有很多种，从发展进程来看，经历了古典密码、对称密钥加密和公开密钥加密阶段。古典密码算法有替代加密、置换加密；对称加密算法包括 DES 和 AES；公钥加密算法包括 RSA、背包密码、ElGamal 密码、椭圆曲线等算法。目前在数据通信中使用非常普遍的算法有 DES 算法、RSA 算法和 PGP 算法，其中 RSA 算法是著名的公开金钥加密算法，它能抵抗到目前为止已知的所有密码攻击。

（2）防火墙

防火墙技术指的是一个由软件和硬件设备组合而成的在内部网和外部网之间、专用网与公共网之间的一道防御系统的总称，是一种获取安全性方法的形象说法。

防火墙可以监控进出网络的通信量，仅让安全、核准了的信息进入，同时又抵制对企业构成威胁的数据。防火墙主要有包过滤防火墙、代理防火墙和双穴主机防火墙 3 种类型，在计算机网络中得到了广泛的应用。

随着安全性问题的缺陷越来越普遍，对网络的入侵有时不需要高超的攻击手段，也有可能来自配置上的低级错误或不合适的口令选择。因此，防火墙的作用是防止不希望的、未授权的通信进出被保护的网络。防火墙可以达到以下几个目的：一是可以限制他人进入内部网络，过滤掉不安全服务和非法用户；二是防止入侵者接近用户的防御设施；三是限定用户访问特殊站点；四是为监视 Internet 安全提供方便。

（3）入侵检测

随着网络安全风险系数不断提高，作为对防火墙及其有益的补充，入侵检测系统（Intrusion Detection Systems，IDS）能够帮助网络系统快速发现攻击的发生，它扩展了系统管理员的安全管理能力，提高了信息安全基础结构的完整性。

入侵检测系统是一种对网络活动进行实时监测的专用系统。该系统处于防火墙之后，可以和防火墙及路由器配合工作，用来检查一个 LAN（Local Area Network）网段上的所有通信，记录和禁止网络活动，可以通过重新配置来禁止从防火墙外部进入的恶意流量。入侵检测系统能够对网络上的信息进行快速分析或在主机上对用户进行审计分析，通过集中控制台来管理、检测。

理想的入侵检测系统的功能：用户和系统活动的监视与分析；异常行为模式的统计分析；重要系统和数据文件的完整性监测及评估；操作系统的安全审计和管理；入侵模式的识别与响应，包括切断网络连接、记录事件和报警等。

本质上，入侵检测系统是一种典型的"窥探设备"。它不跨接多个物理网段，无须转发任何流量，而只需要在网络上被动地、无声息地收集它所关心的报文即可。

（4）系统容灾

一个完整的网络安全体系，只有"防范"和"检测"措施是不够的，还必须具有灾难容忍和系统恢复能力。因为任何一种网络安全设施都不可能做到万无一失，一旦发生漏防漏检事件，其后果将是灾难性的。此外，天灾人祸、不可抗力等所导致的事故也会对信息系统造成毁灭性的破坏。这就要求即使发生系统灾难，也能快速地恢复系统和数据，这样才能完整地保护网络信息系统的安全。系统容灾技术主要基于数据备份和基于系统容错。

数据备份是数据保护的最后屏障，不允许有任何闪失，但离线介质不能保证安全。数据容灾通过 IP 容灾技术来保证数据的安全。数据容灾使用两个存储器，在两者之间建立复制关系，一个放在本地，另一个放在异地。本地备份存储器供本地备份系统使用，异地容灾备份存储器实时复制本地备份存储器的关键数据。

存储、备份和容灾技术的充分结合，构成一体化的数据容灾备份存储系统。随着存储网络化时代的发展，传统功能单一的存储器将越来越让位于一体化的多功能网络存储器。

为了保证信息系统的安全性，除了运用技术手段外，还需要必要的管理手段和政策法规支持：确定安全管理等级和安全管理范围，制定网络系统的维护制度和应急措施等进行有效管理；借助法律手段强化保护信息系统安全，防范计算机犯罪，维护合法用户的安全，有效地打击和惩罚违法行为。

　　随着云计算、大数据、物联网等技术的飞速发展，云安全技术、大数据的安全分析模型、物联网安全、移动安全等相关的安全技术将会得到重点关注。

1.4 检索信息

1.4.1 信息检索的定义、分类

1. 信息检索的定义

PPT 1-7
信息检索的定义、分类
和技术

　　信息检索（Information Retrieval）是用户进行信息查询和获取的主要方式，是查找信息的方法和手段。信息检索有广义和狭义之分。

　　广义的信息检索是将信息按一定的方式进行加工、整理、组织并存储起来，再根据信息用户特定的需要将相关信息准确地查找出来的过程。因此，也称为信息的存储与检索。

　　狭义的信息检索仅指信息查询，即用户根据需要，采用某种方法，借助检索工具，从信息集合中找出所需要的信息。

2. 信息检索的分类

微课 1-7
信息检索的定义、分类
和技术

　　根据检索手段的不同，信息检索可分为手工检索和机械检索。手工检索即以手工翻检的方式，利用图书、期刊、目录卡片等工具来检索的一种手段。其优点是回溯性好，没有时间限制，不收费；缺点是费时，效率低。机械检索是利用计算机检索数据库的过程。其优点是速度快；缺点是回溯性不好，且有时间限制。在机械检索中，网络文献检索最为迅速，将成为信息检索的主流。

　　按检索对象不同，信息检索又可分为文献检索、数据检索和事实检索。这 3 种检索的主要区别在于，数据检索和事实检索需要检索出包含在文献中的信息本身，而文献检索则检索出包含所需要信息的文献即可。

1.4.2 信息检索技术

笔 记

　　计算机检索的基本检索技术主要有如下几种。

1. 布尔逻辑检索

　　布尔逻辑检索是一种比较成熟、较为流行的检索技术。布尔逻辑检索的基础是逻辑运算。常用的逻辑运算有 3 种：逻辑与（AND）、逻辑或（OR）、逻辑非（NOT）。

　　下面以"图书馆"和"文献检索"两个检索词来介绍 3 种逻辑运算符的具体含义。

- "图书馆"AND"文献检索"，表示同时含有这两个检索词的文献才被命中。
- "图书馆"OR"文献检索"，表示含有一个检索词或同时含有这两个检索词的文献将被命中。
- "图书馆"NOT"文献检索"，表示只含有"图书馆"但不含有"文献检索"的文献才被命中。

2. 位置检索

　　文献记录中词语的相对次序或位置不同，所表达的意思可能不同，而同样一个检索

表达式中词语的相对次序不同，其表达的检索意图也不一样。

位置检索有时也称为临近检索，是指用一些特定的位置算符来表达检索词与检索词之间的顺序和词间距的检索。位置算符主要有(W)算符、(nW)算符、(N)算符、(nN)算符、(F)算符及(S)算符。

（1）(W)算符

此算符表示其两侧的检索词必须紧密相连，除空格和标点符号外，不得插入其他词或字母，两词的词序不可以颠倒。

（2）(nW)算符

此算符表示此算符两侧的检索词必须按此前后邻接的顺序排列，顺序不可颠倒，而且检索词之间最多有 n 个其他词。

（3）(N)算符

此算符表示其两侧的检索词必须紧密相连，除空格和标点符号外，不得插入其他词或字母，两词的词序可以颠倒。

（4）(nN)算符

此算符表示允许两词间插入最多为 n 个其他词，包括实词和系统禁用词。

（5）(F)算符

此算符表示其两侧的检索词必须在同一字段中出现，词序不限，中间可插任意检索词项。

（6）(S)算符

此算符表示此运算符两侧的检索词只要出现在记录的同一个子字段内，此信息即被命中。要求被连接的检索词必须同时出现在记录的同一子字段中，不限制它们在此子字段中的相对次序，中间插入词的数量也不限。

3. 截词检索

截词检索是预防漏检、提高查全率的一种常用检索技术。该技术是用截断的词的一个局部进行检索，并认为凡是满足这个词局部的所有字符的文献，都为命中的文献。

截词分为有限截词和无限截词。按截断的位置来分，截词可有后截断、前截断、中截断 3 种类型。不同的系统所用的截词符也不同，常用的有?、$、*等，此处"?"表示截断一个字符，"*"表示截断多个字符。

前截断表示后方一致。例如，输入"*ware"，可以检索出 software、hardware 等所有以 ware 结尾的单词及其构成的短语。

后截词表示前方一致。例如，输入"recon*"，可以检索出 reconnoiter、reconvene 等所有以 recon 开头的单词及其构成的短语。

中截词表示词两边一致，截去中间部分。例如，输入"wom?n"，则可检索出 women 及 woman 词语。

4. 字段限制检索

字段限制检索是指计算机检索时，可将检索范围限定在数据库特定的字段中。常用的检索字段主要有标题、摘要、关键词、作者、作者单位、参考文献等。

字段限制检索的操作形式有两种：一种是在字段下拉菜单中选择字段后输入检索词；另一种是直接输入字段名称和检索词。

1.4.3 中国知网实例操作

中国知网是指中国国家知识基础设施资源系统（China National Knowledge Infrastructure，CKNI），它是《中国学术期刊》（光盘版）电子杂志社和清华同方知网技术有限公司共同创办的网络知识平台，包括学术期刊、学位论文、工具书、会议论文、报纸、标准、专利等。

PPT 1-8
中国知网实例操作

1. 进入知网

在浏览器地址栏中输入"http://www.cnki.net/"，可以看到知网首页，如图 1-9 所示。

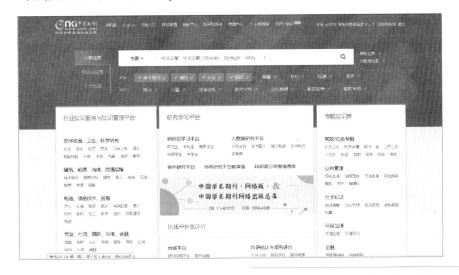

微课 1-8
中国知网实例操作

图 1-9
知网首页

知网首页主要是行业知识服务与知识管理平台、研究学习平台和专题知识库界面，读者可以根据需要单击相关栏目进行浏览。下面介绍中国知网的检索功能。

2. 检索

分别打开首页的"文献检索""知识元检索"和"引文检索"选项卡，便可进行相关类别的检索。

（1）快速检索

打开搜索框中的下拉列表，选取"主题""关键字""篇名""作者"等检索字段，并在输入框内输入对应的内容，便可开始进行简单搜索。另外，在搜索框内，还可根据需要选择单个数据库搜索，或选择多个复选框跨数据库进行快速搜索。快速检索页面如图 1-10 所示。

图 1-10
快速检索页面

（2）高级检索

高级检索页面如图 1-11 所示。

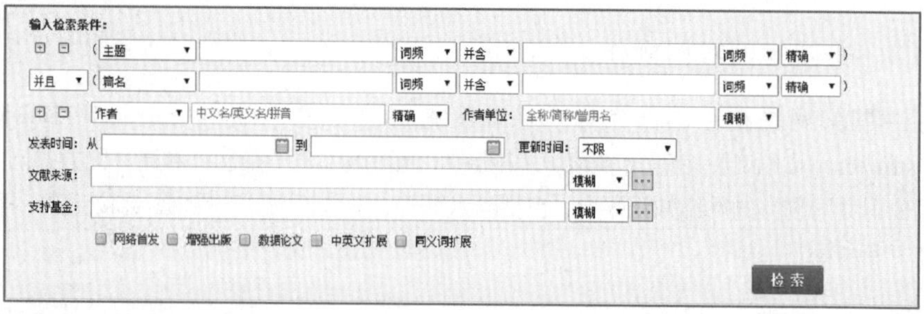

图 1-11
高级检索页面

其检索条件包括内容检索条件和检索控制条件。检索控制条件主要包括发表时间、文献来源和支持基金。另外，还可对匹配方式、检索词的中英文扩展进行限定。

模糊匹配指检索结果包含检索词，精确匹配指检索结果完全等同或包含检索词。中英文扩展是指由所输入的中文检索词自动扩展检索相应检索项内英文词语的一项检索控制功能。

（3）专业检索

专业检索需要用检索算符编制检索式，适合查询人员及信息分析人员使用。专业检索页面如图 1-12 所示。

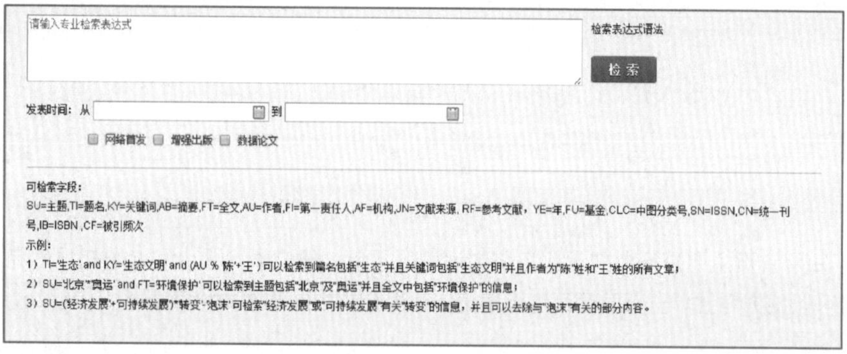

图 1-12
专业检索页面

（4）作者发文检索

作者发文检索是指以作者姓名、单位作为检索点，检索作者发表的全部文献及被引、下载的情况。对于同一作者发表的文献属于不同单位的情况，可以一次检索完成。通过这种检索方式，不仅能找到某作者发表的全部文献，还可以通过对结果的分组筛选全方位了解作者的研究领域、研究成果等情况。作者发文检索页面如图 1-13 所示。

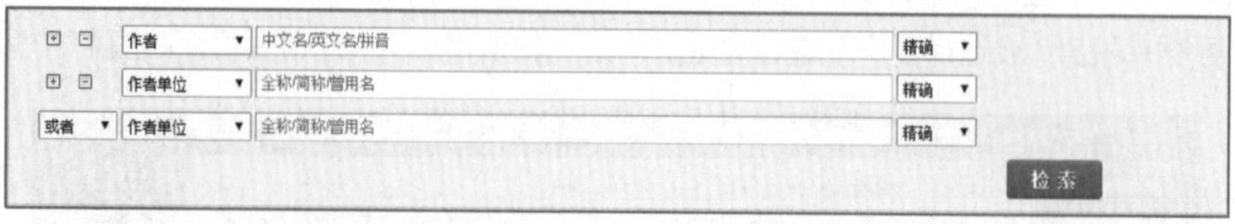

图 1-13
作者发文检索页面

无论哪种检索方式，如果得到的结果太多，都可增加条件，在检索结果中进一步检索。

3. 处理检索结果

（1）显示处理结果

无论采用的是何种检索方式，实施检索后，系统将给出检索结果列表，如图 1-14 所示。

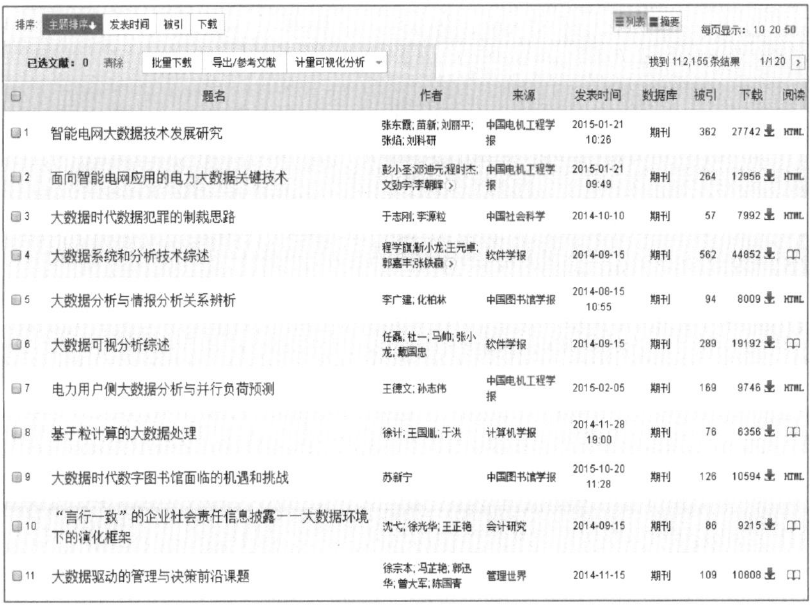

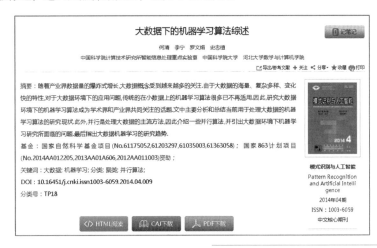

图 1-14
检索结果

（2）检索结果排序

检索出的结果可按照主题、发表时间、被引次数、下载次数进行排序。

（3）分组浏览

检索出的结果可按照学科、发表年度、基金、研究层次、作者、机构进行分组浏览。

（4）下载

CNKI 的注册用户可下载和浏览文献全文，系统提供了 CAJ 和 PDF 两种格式。例如，单击文献标题，进入文献介绍页面，如图 1-15 所示。

图 1-15
文献介绍页面

可单击“HTML 阅读”按钮阅读，也可单击“CAJ 下载”或“PDF 下载”按钮进行下载并阅读。需要注意的是，在阅读全文前，必须确保已下载并安装相关阅读器。接下来以 CAJ 阅读器为例进行介绍。通过 CAJ 下载并打开文献，CAJViewer 全文阅读界面如图 1-16 所示。

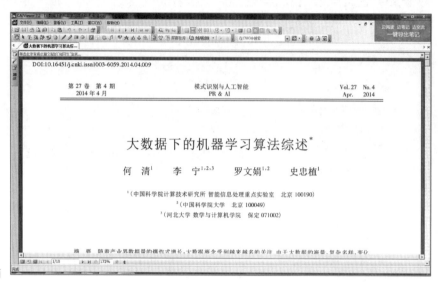

图 1-16
CAJViewer 全文阅读界面

CAJViewer 可以浏览全文。可以利用工具栏的按钮进行翻页、跳转，若鼠标指针是手形，还可以拖动页面。

单击工具栏中的“选择文本”按钮，可以直接选择需要的文字进行复制。单击工具栏中的“文字识别”按钮图标，然后在所需文字上按住鼠标左键拖出一个实线框，如图 1-17 所示。此时，将跳出“文字识别结果”对话框，如图 1-18 所示。识别结果显示在对话框中，允许对文字修改、复制和粘贴，还可发送到 Word 中去。单击工具栏中的“选择图像”按钮，还可以完成图像的复制等操作。

摘 要 随着产业界数据量的爆炸式增长，大数据概念受到越来越多的关注. 由于大数据的海量、复杂多样、变化快的特性，对于大数据环境下的应用问题，传统的在小数据上的机器学习算法很多已不再适用. 因此，研究大数据环境下的机器学习算法成为学术界和产业界共同关注的话题. 文中主要分析和总结当前用于处理大数据的机器学习算法的研究现状. 此外，并行是处理大数据的主流方法，因此介绍一些并行算法，并引出大数据环境下机器学习研究所面临的问题. 最后指出大数据机器学习的研究趋势.

关键词 大数据，机器学习，分类，聚类，并行算法
中图法分类号 TP 391

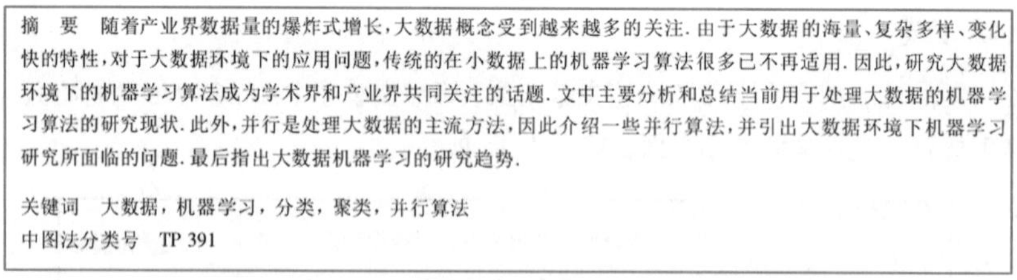

图 1-17
选择文字

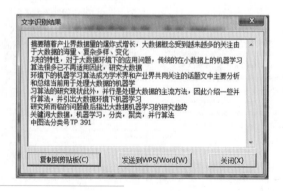

图 1-18
“文字识别结果”对话框

另外，单击工具栏中的"注释工具"按钮图标，可以对一些重点内容进行标注，以便后期快速查看，如图 1-19 所示。

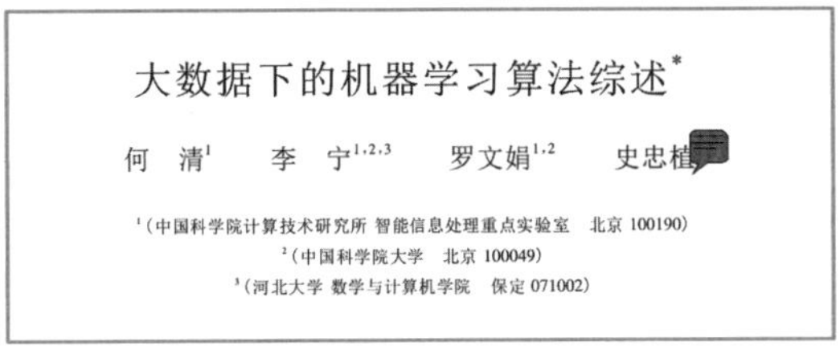

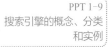

大数据下的机器学习算法综述[*]

何 清[1]　李 宁[1,2,3]　罗文娟[1,2]　史忠植[1]

[1]（中国科学院计算技术研究所 智能信息处理重点实验室　北京 100190）
[2]（中国科学院大学　北京 100049）
[3]（河北大学 数学与计算机学院　保定 071002）

图 1-19
添加了注释的文献

1.5 搜索引擎

1.5.1 搜索引擎概述

1. 搜索引擎的概念

搜索引擎是指根据一定的策略，运用特定的计算机程序从互联网上搜集信息，对信息进行组织和处理后，为用户提供检索服务，将用户检索的相关信息展示给用户的系统。它由信息搜索、信息整理和用户查询 3 部分组成。

搜索引擎之所以能在短短几年时间内获得如此迅猛的发展，最重要的原因是搜索引擎为人们提供了一个前所未有的查找信息资料的便利方法。搜索引擎最重要、最基本的功能就是搜索信息的及时性、有效性和针对性。

2. 搜索引擎的分类

搜索引擎可以分为以下几类。

（1）全文搜索引擎

全文搜索引擎是目前应用最广泛的搜索引擎，典型代表为百度搜索等。其从互联网提取各个网站的信息，建立起数据库，并能检索与用户查询条件相匹配的记录，按一定的排列顺序返回结果。

根据搜索结果来源的不同，全文搜索引擎可分为两类：一类拥有自己的检索程序，能自建网页数据库，搜索结果直接从自身的数据库中调用，上面提到的百度就属于此类；另一类则是租用其他搜索引擎的数据库，并按自定义的格式排列搜索结果，如 Lycos 搜索引擎。

（2）目录式搜索引擎

目录式搜索引擎的典型代表有新浪分类目录搜索等。它是以人工方式或半自动方式搜集信息的，由搜索引擎的编辑员查看信息，之后依据一定的标准对网络资源进行选择、评价，人工形成信息摘要，并将信息置于事先确定的分类框架中而形成主题目录。

目录式搜索引擎虽然有搜索功能，但严格意义上不能称为真正的搜索引擎，只是按以目录分类的网站链接列表而已。用户完全可以按照分类目录找到所需要的信息，而不依靠关键词进行查询。

PPT 1-9
搜索引擎的概念、分类和实例

微课 1-9
搜索引擎的概念、分类和实例

（3）元搜索引擎

元搜索引擎接受用户的查询请求后，通过一个统一的界面同时在多个搜索引擎上搜索，并将结果返回给用户。著名的元搜索引擎有 InfoSpace、Dogpile、Vivisimo 等。中文元搜索引擎中具有代表性的是搜星搜索引擎。在搜索结果排列方面，有的直接按来源排列搜索结果，如 Dogpile；有的则按自定义的规则将结果重新排列组合，如 Vivisimo。

1.5.2 常用搜索引擎

1. 百度搜索引擎

百度搜索引擎是全球最大的中文搜索引擎，2000 年 1 月创立于北京中关村，致力于向人们提供"简单，可依赖"的信息获取方式。"百度"二字源于宋朝词人辛弃疾的《青玉案·元夕》中的诗句"众里寻他千百度"，象征着百度对中文信息检索技术的执着追求，如图 1-20 所示。

图 1-20
百度搜索引擎

2. 360 搜索引擎

360综合搜索，属于元搜索引擎，是搜索引擎的一种，是通过一个统一的用户界面帮助用户在多个搜索引擎中选择和利用合适的搜索引擎来实现检索操作，是对分布于网络的多种检索工具的全局控制机制。而 360 搜索，属于全文搜索引擎，是奇虎360 公司开发的基于机器学习技术的第三代搜索引擎，具备"自学习、自进化"能力和发现用户最需要的搜索结果的能力，如图 1-21 所示。

图 1-21
360 搜索引擎

3. 搜狗搜索引擎

搜狗搜索是搜狐公司于2004年8月3日推出的全球首个第三代互动式中文搜索引擎。搜狗搜索是中国领先的中文搜索引擎，致力于中文互联网信息的深度挖掘，帮助中国上亿网民加快信息获取速度，为用户创造价值。

搜狗的其他搜索产品各有特色。音乐搜索小于2%的死链率，图片搜索独特的组图浏览功能，新闻搜索能及时反映互联网热点事件的看热闹首页，地图搜索的全国无缝漫游功能，使得搜狗的搜索产品线极大地满足了用户的日常需求，体现了搜狗的研发方向，如图 1-22 所示。

图 1-22
搜狗搜索引擎

4. Bing 搜索引擎

Bing（必应）是微软公司于 2009 年 5 月 28 日推出的全新搜索引擎服务。用户可通过浏览器登录 Bing 搜索引擎首页，或者打开内置于 Windows 8 及以上操作系统中的 Bing 应用，也可以直接按下 Windows Phone 手机的搜索按钮，均可直达 Bing 的网页、图片、视频、词典、翻译等全球信息搜索服务，如图 1-23 所示。

图 1-23
Bing 搜索引擎

5. WolframAlpha 搜索引擎

WolframAlpha 是开发计算数学应用软件的沃尔夫勒姆研究公司开发出的新一代搜索引擎，是一个能根据问题直接给出答案的网站。用户在搜索框中输入需要查询的问题后，该搜索引擎将直接向用户返回答案，而不是返回一大堆网页链接。

WolframAlpha 其实是一个计算知识引擎，其真正的创新之处在于能够马上理解问题，并给出正确答案。例如，在被问到"珠穆朗玛峰有多高"之类的问题时，WolframAlpha 不仅能告诉用户其海拔的高度，还能告诉用户这座世界第一高峰的地理位置、附近有什么城镇以及一系列图表，如图 1-24 所示。

图 1-24
WolframAlpha 搜索引擎

6. Lycos 搜索引擎

Lycos 是搜索引擎中的元老，是最早提供信息搜索服务的网站之一，2000 年被西班牙网络集团 Terra Lycos Network 以 125 亿美元收归旗下。

Lycos 整合了搜索数据库、在线服务和其他互联网工具，提供网站评论、图像及包括 MP3 在内的压缩音频文件下载链接等。Lycos 是目前最大的西班牙门户网站，提供常规及高级搜索。高级搜索可定制搜索条件，并允许对网页标题、地址进行检索。Lycos 具有多语言搜索功能，共有 26 种语言供选择。Lycos 搜索引擎如图 1-25 所示。

图 1-25
Lycos 搜索引擎

1.5.3 搜索引擎实例操作

近几年全球航空事故频发，这不禁让人联想起前几年有一场关于飞机迫降的国产电影，但具体情节不记得了，于是就可以使用搜索引擎来进行搜索。

使用百度搜索"迫降+电影"，搜索到了 1 130 000 个结果，结果集中在《紧急迫降》和《迫降航班》两部电影上。通过分析比较，判断出要找的电影是前者，之后继续搜索"紧急迫降电影"进行查找并观看。

1.6 检索数字信息资源

1.6.1 电子图书

PPT 1-10
使用超星数字图书馆

PPT

1. 电子图书的概念

电子图书又称数字图书，是随着电子出版、互联网及现代通信电子技术的发展应运而生的一种新的图书形式，是以数字化电子文件形式存储在各种磁性或电子介质中的图书，需使用联网计算机或便携式阅读终端进行下载或在线阅读。

2．电子图书的优势

与传统纸质图书相比，电子图书具有以下优势。

● 读者不受时空及地域的限制，阅读空间大。
● 电子图书制作出版方便，更新速度快。
● 电子图书信息量大，存储密度高且便于携带，可以节省物理空间。

1.6.2 数字图书馆

1．数字图书馆的概念

数字图书馆，是用数字技术处理和存储各种图文并茂文献的图书馆，实质上是一种多媒体制作的分布式信息系统。它把各种不同载体、不同地理位置的信息资源用数字技术存储，以便于跨越区域、面向对象的网络查询和传播。它涉及信息资源加工、存储、检索、传输和利用的全过程。通俗地说，数字图书馆就是虚拟的、没有围墙的图书馆，是基于网络环境共建共享的可扩展的知识网络系统，是超大规模的、分布式的、便于使用的、没有时空限制的、可以实现跨库无缝链接与智能检索的知识中心。

笔 记

2．数字图书馆的优点

（1）信息存储空间小，不易损坏

数字图书馆就是将信息以数字化形式进行存储，可以存储在光盘里，也可以存储在硬盘里。与过去的纸质资料相比，数字图书馆占地很小，而且数字图书馆可以进行多次查询，不像纸质资料那样容易损坏。

（2）信息查阅检索方便

读者可以根据搜索关键词在计算机查询系统中查阅数字图书馆内的资料信息。而一般纸质图书资料的查阅，都需要经过检索、找书库、按检索号寻找图书等多道工序，烦琐而不便。

（3）同一信息同时可供多人使用

众所周知，一本纸质图书一次只能供一个人借阅，而在数字图书馆则可以突破这一限制，一本电子书通过服务器可以同时借给多个人查阅，大大提高了使用效率。

1.6.3 超星数字图书馆实例操作

超星数字图书馆是中文在线数字图书馆之一，提供了大量的电子图书资源，涉及哲学、宗教、社科总论、经典理论、民族学、经济学、自然科学总论、计算机等各个学科门类。超星数字图书馆由期刊、读书、讲座等部分组成，下面仅以超星读书为例，介绍具体使用方式。

1．注册、下载及安装超星图书阅览器

首先，在浏览器中输入网址"http://book.chaoxing.com"，进入超星读书首页，如图 1-26 所示。

图 1-26
超星读书首页

2. 下载并安装超星客户端

超星图书必须使用超星图书阅览器阅读和下载。由于超星全文采用 PDF 格式，要阅读超星电子图书的全文，首先必须下载超星阅读器。

① 选择"客户端下载"选项，如图 1-27 所示。

图 1-27
超星客户端下载

在显示的页面中分别有"超星阅读器 Windows 版""超星阅读器 iPad 版""超星阅读器 AndroidPad 版"和"超星公开课 iPad 版"，用户可根据需要选择需要的版本，在此以"超星阅读器 Windows 版"为例进行描述。

② 在页面中单击"北京镜像下载"或者"华南镜像下载"按钮，在弹出的文件下载窗口中选择下载选项，将安装软件下载到指定位置。

③ 双击该软件，在弹出的"安全警告"对话框中单击"运行"按钮。

④ 系统会提示用户是否继续安装超星阅读器，请单击"是"按钮。

⑤ 此时会出现超星阅读器安装向导，接下来根据向导完成安装阅读器即可。

安装完成后，就可以进行检索和阅读了。

3. 用户注册与登录

① 注册成为用户。初次使用超星阅读器，要先进行注册，将手机号注册为系统账号。注册页面如图 1-28 所示。注册完成后，将跳回登录页面进行登录。

② 登录。用户在登录页面中输入注册的用户名和密码，单击"登录"按钮进行登录，登录页面如图 1-29 所示。

图 1-28
超星注册页面

图 1-29
超星登录页面

当然，可以跳过注册这一环节，使用 QQ 账号、微信账号等直接登录，使用学习通 APP 的用户还可直接扫描二维码登录。

4. 使用超星阅读器阅读图书

使用超星阅读器阅读图书时，首先使用搜索功能找到图书，然后从资源中选择图书进行阅读，具体操作步骤如下。

① 打开超星读书阅读器。选择"读书"选项卡。在页面上部的搜索框中输入搜索条件，如搜索书名"计算机应用基础"，如图 1-30 所示。

图 1-30
输入查找条件

② 单击"搜索"按钮，得到图 1-31 所示的结果。

图 1-31
搜索结果

③ 单击搜索到的第一本图书，如图 1-32 所示。

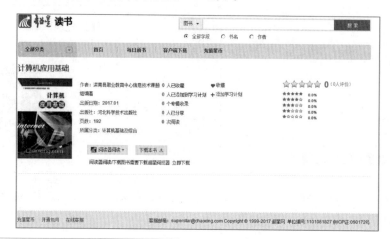

图 1-32
选择书目

④ 单击"阅读器阅读"或"下载本书"按钮就能实现对应功能。以下以"阅读器阅读"为例，进行讲解。单击"阅读器阅读"按钮便打开了该书，界面如图 1-33 所示。

图 1-33
打开的书的界面

阅读时，可以单击悬浮在页面上的黄色箭头向前或向后翻页，在同一页中可以通过单击上下滚动条移动页面。如果觉得字体大小不合适，则可以通过单击阅读器底部的显示百分比按钮来调节字体大小。

如果需要把电子书中的某段文字引用到自己的文章中，则可以进行如下操作。

① 单击工具栏中的"文字识别"按钮图标，然后在所需文字上按住鼠标左键拖出一个虚线框，如图 1-34 所示。

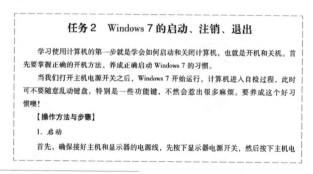

图 1-34
选择文字

② 释放鼠标左键，系统弹出图 1-35 所示的对话框。

图 1-35
"识别文字"对话框

③ 通过选择、复制和粘贴就可以将这段文字插入到自己的文章中。

习 题

一、单选题

1. 现在我们常常听别人说的 IT 行业的各种各样的消息，这里所提到的"IT"指的是
（　　）。

文本 习题参考答案

    A. 信息   B. 信息技术

    C. 通信技术   D. 感测技术

2. 下列不属于信息的是（　　）。

    A. 报上登载的举办商品展销会的消息   B. 电视机中的计算机产品广告

    C. 计算机   D. 各班各科成绩

3. 下列不属于信息传递方式的是（　　）。

    A. 听音乐   B. 谈话

    C. 看书   D. 思考

4. 信息技术的四大基本技术是计算机技术、传感技术、控制技术和（　　）。

    A. 生物技术   B. 媒体技术

    C. 通信技术   D. 传播技术

5. 所谓信息的载体，是指（　　）。

    A. 计算机输入和输出的信息   B. 计算机屏幕显示的信息

    C. 表示和传播信息的媒介   D. 各种信息的编码

6. 信息安全的基本属性是（　　）。

    A. 保密性   B. 完整性

    C. 可用性   D. A、B、C 都是

7. 使用"逻辑与"进行信息检索是为了（　　）。

    A. 提高查全率   B. 提高查准率

    C. 减少漏检率   D. 提高利用率

8. 使用"逻辑或"进行信息检索是为了（　　）。

    A. 提高查全率   B. 提高查准率

    C. 减少漏检率   D. 提高利用率

9. 广义的信息检索包含两个过程（　　）。

    A. 检索与利用   B. 存储与检索

    C. 存储与利用   D. 检索与报道

10. 以下关于数字图书馆的叙述错误的是（   ）。

    A. 信息存储空间小，不易损坏   B. 信息查阅检索方便

    C. 同一信息同时可供多人使用   D. 同一信息同时只供一人使用

二、填空题

1. 物质、能量、_____被称为现代人类社会赖以生存和发展的 3 种资源。

2. ISO 7498-2 确定了五大类安全服务，即身份认证、访问控制、_____、_____和不可否认性。

3. _____是为了限制访问主体对访问客体的访问权限。

4. 搜索引擎可以分为全文搜索引擎、_____和元搜索引擎。

5. 计算机检索的基本检索技术主要有_____、位置检索、_____和字段限制检索。

三、简答题

1. 列出信息常见的几个特征。

2. 信息系统一般包括哪几部分？列出几种常见的信息系统。

3. 信息安全有哪些常见的威胁？信息安全的实现有哪些主要技术措施？

四、操作题

试用超星阅读器阅览自己的专业书籍。

单元 *2*

计算机技术

    计算机技术通常由计算机器件技术、计算机部件技术、计算机系统技术和计算机组装技术等组合而成，它包含的内容非常广泛。其中的计算机器件技术的发展经历了从真空电子器件到晶体管，再到大规模集成电路及超大规模集成电路，其不断的进步提高了计算机技术的运用及计算机系统的性能。在整个计算机系统中，各种部件技术多而烦琐，其中主要的是信息存储技术、信息输入及输出技术、运算与控制技术等，如图 2-1 所示。计算机系统技术则包含了系统结构、系统应用、系统管理、系统维护等技术。计算机技术的组装技术是否良好与整个计算机系统有着密切关系。

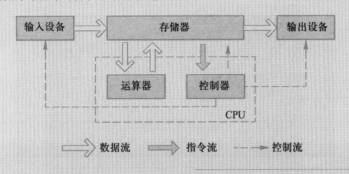

图 2-1
计算机系统的主要部件技术

文本　单元设计

2.1 计算机技术概述

PPT 2-1
计算机技术的概念和
特点

PPT

微课 2-1
计算机技术的概念与
特点

2.1.1 计算机技术的概念

计算机技术包括运算方法的基本原理与运算器设计、指令系统、中央处理器（CPU）设计、流水线原理及其在 CPU 设计中的应用、存储体系、总线与输入及输出等技术。

计算机技术是指用计算机快速、准确的计算能力、逻辑判断能力和人工模拟能力，对系统进行定量计算和分析，为解决复杂系统问题提供手段和工具。它具有明显的综合特性，与电子工程、应用物理、机械工程、现代通信技术和数学等紧密结合，发展很快。

1946 年 2 月 14 日第一台通用电子计算机 ENIAC 诞生于美国宾夕法尼亚大学，如图 2-2 所示。ENIAC 是人类电子计算机历史的一个开始，起到标志性的作用。它的主要指标：长 30.48 m，宽 6 m，高 2.4 m，占地面积约 170 m^2，30 个操作台，重达 30 t，耗电量 150 kW，造价 48 万美元。它包含了 17 468 个真空管（电子管）、7 200 个晶体二极管、1 500 个中转、70 000 个电阻器、10 000 个电容器、1 500 个继电器、6 000 多个开关，计算速度是每秒 5 000 次加法或 400 次乘法，是使用继电器运转的机电式计算机的 1 000 倍、手工计算的 20 万倍。它就是以当时的雷达脉冲技术、核物理电子计数技术、通信技术等为基础的。

图 2-2
世界第一台计算机 ENIAC

对计算机技术产生重大影响的主要是电子技术，特别是微电子技术的发展，其关系非常紧密，相互关联，不可分割。应用物理的发展，为计算机技术的发展创造了良好的条件：真空电子技术、磁记录技术、光学和激光技术、超导技术、光导纤维技术、热敏和光敏技术等，均在计算机中得到了广泛应用。

计算机外部设备的技术支柱是机械工程技术，尤其是精密机械及其工艺和计量技术。随着计算机技术和通信技术的进步，以及社会对资源共享的需求日益增长，计算机技术与通信技术也紧密地结合起来，并成为社会的强大物质技术基础。

为计算机技术的发展提供重要理论基础的是离散数学、算法论、语言理论、控制论、信息论、自动机论等。计算机技术在许多学科和工业技术的基础上产生和发展，在科学技术领域和国民经济领域中得到广泛的应用。

•2.1.2 计算机技术的特点

1. 网络化特点

计算机网络化技术利用计算机技术和网络通信技术将全球不同地理位置的计算机通过网络紧密地连接在一起，组成了一个功能非常完备、规模非常庞大、信息传递和交换飞速的计算机网络，同时体现了计算机网络的目的，即将全球各地海量的优质信息资源进行共享。当前，全球范围内的计算机网络技术得到了广泛和飞速的发展，各行业、各领域已经全面实现了计算机的普及，并且已经通过网络有机整合到一起，在非常短的时间内就能完成信息的收集、处理、传输等工作。

2. 多极化特点

现阶段，个人计算机的普及程度已经非常高了，但各行业对计算机的需求不仅局限在小型个人计算机上，很多大型、巨型计算机也有着举足轻重的作用。因此，现在有巨型机、大型机、小型机、微型机，并且都有着各自领域的形势，也就是多极化的形势。例如在尖端科学技术领域和国防事业领域，巨型计算机的存在具有非常大的必要性。在这些领域中，巨型计算机应用技术的应用的成熟度标志着一个国家计算机技术的整体水平。

3. 智能化特点

计算机智能化是人类利用计算机完成预先已经编写好的计算机代码和程序，使计算机与人的思维、感觉产生一定的关系，从而可以加快处理信息的速度。在当前生活中，计算机智能化研究已比较流行，全球已有很多知名企业加入到智能化研究工作中，机器人技术得到了空前的发展，正在不断地发展壮大，在多个领域得到广泛的应用。

4. 多媒体化特点

多媒体化就是将计算机技术、通信技术和大众传播技术有机结合在一起，将视频、图像、文本、图形、文字、声音等多种功能集成到一起，并将计算机技术中丰富的信息集成为一个整体，而不受人机矛盾关系的影响，可以利用最为恰当的手段解决各种信息问题。

•2.1.3 计算机技术的发展

1. 计算机技术发展的现状

（1）智能化的发展

随着计算机技术和信息技术的不断进步，越来越多的智能化设备不断进入人们的工作和生活中，让我们的工作和生活发生了天翻地覆的变化。计算机应用技术未来的发展趋势也必定朝着智能化的方向发展，比如人类思维、人类感知等能力的模仿。在技术方面突飞猛进的大趋势下，计算机技术的发展必然越来越先进，越来越智能化。

（2）网络化发展

这主要指的是计算机应用技术中的网络技术。在日常的现实生活中，人们的工作和生活越来越依赖于网络，各个领域的发展也越来越网络化，因此未来的计算机技术必然与

PPT 2-2
计算机技术的发展与
应用

PPT

微课 2-2
计算机技术的发展与
应用

计算机网络应用更加密切。

（3）微处理器

微处理器是计算机的心脏，随着技术的飞速发展，处理器芯片里面晶体管的线宽及尺寸越来越小，但在性能方面却越来越强大。光刻技术方面已经有了非常大的进步，世界上目前最先进的光刻技术已推进到了5纳米技术节点，相信不久的将来会应用到我们的工作和生活中。

目前技术上虽然已经到了比较先进的地步，5纳米已经研制完毕，即将投入使用，但是微型化的发展仍然遇到了很大的障碍，主要是线条宽度方面的限制，当处理线宽等于光的波长或比光的波长还要小的时候，那么光刻技术就很难取得成功。另外，电子行为及量子效应方面也存在一定的问题，无法适应新时期的时代发展需求。

（4）纳米电子技术

当今计算机技术发展的节奏极快，高速度、微型智能化等方面的发展成了必然，电子元器件更新的速度已经严重滞后计算机技术的发展，满足不了其高速度、智能化等方面需求，迫使当前计算机技术发展停滞，从而推动了纳米电子技术的发展。纳米电子技术能有效解决这一现实问题，实现了电子元器件无法实现的功能。纳米电子技术不单纯是在尺寸上的缩小，而是一种全新思维的创新，将来纳米技术计算机也是计算机技术发展的趋势。

2. 计算机技术

现代计算机技术正经历着重大的革新，冯·诺依曼体制的简单硬件与专门逻辑已经逐渐不能适应日益复杂和庞大发展的趋势，要求创造出服从于软件需要和课题自然逻辑的新体制。新体制的实现需要将并行、联想、专用功能化及硬件、固件、软件相融合。进行人机会话将是输入及输出的主要形式，使人机关系达到高级程度。砷化镓器件将取代硅器件。

（1）巨型计算机技术

此类计算机技术不仅要求具备极快的运算速度和海量的存储空间，而且还要求具备强大的功能。通常，这类计算机的计算速度已经到达万万亿次每秒的预算速度，可以应用到航天领域、地质勘探领域、气象预报领域等。

（2）神经网络计算机技术

神经网络计算机是一种类似于人体大脑神经脉络的计算机网络系统，可超过人脑的计算速度。利用神经网络计算机可在超短的时间内完成海量信息的处理工作，并且可以有效保证信息处理准确无误。它可以达到类似人类的思维，并且一般可以保存在神经元的网络当中，因此一般情况下如果神经元结点发生断裂，计算机还可在保证信息安全的基础上重新组合原有信息，使效果不受影响。

（3）量子计算机技术

量子计算机就是依据量子力学规律开展高速数学运算、保存和处理量子信息的一种计算机。量子计算机比一般计算机具有更大的存储能力和更强的运算能力，它可以在更短的时间内得到正确的计算结果。

（4）分子计算机技术

分子计算机就是应用分子技术处理信息的一种计算机，主要就是应用分子晶体收集电荷状态的信息，以更加合理的手段对信息进行重新组合。因为分子计算机的特点是能耗小，体积小，存储容量更大，运算速度快，因而分子计算机的发展前景也较好，应用速度较快。

（5）纳米计算机技术

纳米技术的出现引起了全世界的关注。作为一种新兴产物，其对计算机技术的发展有着非常深远的影响。并且纳米计算机技术的发展速度也非常快，这在很大程度上推动了整个计算机行业的进步。

（6）光计算机技术

光计算机顾名思义采用的是光技术，使得计算机不再依赖电流与电子。它具备容量大，速度快，不需消耗能源等特点。光计算机的核心部分是空间光调制器，采用了光内连接技术，利用光来连接存储部分与运算部分，运算部分在运算过程中可以通过光直接读取存储部分的数据。另外，光计算机对环境的适应性也较好，在一般的环境下都可以使用，通常情况下使用的情况较少，目前好多国家都在加强光计算机的研究。

·2.1.4　计算机技术的应用

计算机技术发展到现在，已经成为人类社会不可缺少的技术工具。去银行、办证件、入学、就医、政府部门办公、超市购物、交友娱乐等，都离不开计算机和计算机技术。2018年1月31日，中国互联网络信息中心（CNNIC）正式发布第41次《中国互联网络发展状况统计报告》：截至2017年12月，我国手机网民规模达7.53亿，网民中使用手机上网人群的占比由2016年的95.1%提升至97.5%；与此同时，使用电视上网的网民比例也提高3.2个百分点，达28.2%；PC、笔记、Pad等使用率均出现下降。以手机为中心的智能设备，成为"万物互联"的基础，车联网、智能家电体验升级，构筑个性化、智能化应用场景。移动互联网服务场景不断丰富，移动终端规模加速提升，移动数据量持续扩大，为移动互联网产业创造更多价值挖掘空间。

细细数来，生活中随处可见计算机技术：天气预报；医院里从身体检查、治疗、康复到病人管理；学校从招生到毕业、学籍管理、教务管理等都是依靠计算机信息技术处理的。电子政务、电子商务、计算机辅助设计、数字动漫、数字媒体技术、虚拟现实技术等新名词层出不穷。归类来看，主要应用在以下几个方面。

1．数值计算

早期的计算机主要用于科学计算（又称数值计算）。当时研究发明的主要作用就是解决大量烦琐、复杂的数值计算问题，而这正是电子计算机的专长所在，主要应用的领域有高能物理、工程设计、地震预测、气象预报、航天技术等。同时，由于计算机具有高运算速度和精度，以及逻辑判断能力等特点，催生了计算力学、计算物理、计算化学、生物控制论等新的学科。

2．数据处理

数据处理是计算机应用最广泛的一个领域。人们利用它进行加工、管理和操作数据资料，主要用于企业管理、物资管理、报表统计、账目计算、信息情报检索等。有的领域和机构都积极建设了各自的管理信息系统（MIS），生产企业也开始采用制造资源规划软

笔 记

件（MRP），商业流通领域则逐步使用电子信息交换系统（EDI），人事部门用计算机来建立和管理人事档案等。

3. 实时控制

用计算机可对连续工作的控制对象实行自动控制。利用计算机能实时采集信号，通过计算处理后发出调节信号对控制对象进行自动调节。例如，在导弹的发射和制导过程中，总是不停地采集当时的飞行参数，快速地计算和处理，不断利用发出的控制信号来调整和控制导弹的飞行姿态。实时控制在工业、农业、航空航天、军事领域等方面的应用十分广泛。

4. 计算机辅助系统

计算机辅助系统主要有计算机辅助教学（CAI）、计算机辅助设计（CAD）、计算机辅助工程（CAE）、计算机辅助制造（CAM）、计算机辅助测试（CAT）、计算机辅助翻译（CAT）、计算机集成制造（CIMS）等系统。

（1）计算机辅助教学

计算机辅助教学（Computer Aided Instruction，CAI）是在计算机辅助下进行的各种教学活动，以对话方式与学生讨论教学内容、安排教学进程、进行教学训练的方法与技术。它的使用能有效地缩短学习时间、提高教学质量和教学效率，实现最优化的教学目标。综合应用多媒体、超文本、人工智能、网络通信和知识库等计算机技术，克服了传统教学情景方式上单一、片面的缺点。

（2）计算机辅助设计

计算机辅助设计（Computer Aided Design，CAD）是指利用计算机来帮助设计人员进行设计工作。利用辅助设计软件对产品进行设计，如飞机、汽车、船舶、机械及具有大规模集成电路的电子类产品的设计。

（3）计算机辅助工程

计算机辅助工程（Computer Aided Engineering，CAE）就是要把工程（生产）的各个环节有机地组织起来，其关键就是将有关的信息集成，使其产生并存在于工程（产品）的整个生命周期。它是一个包括了技术、经营管理、信息流和物流的有机集成的且优化运行的复杂系统。

（4）计算机辅助制造

计算机辅助制造（Computer Aided Manufacturing，CAM）是指在机械制造业中，利用计算机控制机床和设备的各种数值，自动完成离散产品的加工、装配、检测和包装等制造过程。

（5）计算机辅助测试

计算机辅助测试（Computer Aided Testing，CAT）是指利用计算机对学生的学习效果进行协助测试和学习能力估量，包括测验构成、测验实施、分级及分析、分析试题和题库5部分。

（6）计算机辅助翻译

计算机辅助翻译（Computer Aided Translation，CAT）使得繁重的手工翻译流程自动化，并大幅度提高了翻译效率和翻译质量。它不同于以往的机器翻译软件，不依赖于计算机的自动翻译，而是在人的参与下完成整个翻译过程，与人工翻译相比，质量相同或更好，翻译效率可提高一倍以上。

（7）计算机集成制造

计算机集成制造（Computer Integrated Manufacturing System，CIMS）是随着计算机辅助设计与制造的发展而产生的。在产品制造中，许多生产环节都采用自动化作业，但每一环节的优化技术不一定就是整体的生产最佳化技术，它将技术上的各个单项信息处理和制造企业管理信息系统集成在一起，将产品生命周期中所有相关功能（包括设计、制造、管理、市场等的信息处理）全部予以集成。计算机集成制造的进一步发展方向是支持"并行工程"，即力图使那些为产品生命周期单个阶段服务的专家尽早地并行工作，从而使全局优化并缩短产品的开发周期。

5. 模式识别

模式识别是一种计算机模拟人的智能方面的应用，能够识别各类图像甚至人的指纹等。模式识别能根据频谱分析的原理，利用计算机对人的声音进行分解、合成，使机器能辨识各种语音，或合成并发出类似人的声音。

6. 通信和图像、文字处理

计算机在通信和文字处理方面的应用越来越显示出其巨大的潜力，一般由多台计算机、通信工作站和终端组成网络，依靠计算机网络存储和传送信息，实现信息交换、信息共享、前端处理、文字处理、语音和影像的输入及输出等工作。文字处理包括文字信息的产生、修改、编辑、复制、保存、检索和传输。通信和文字处理是实现办公自动化、收发电子邮件、开展计算机会议和计算机出版等新技术的必由之路。

7. 多媒体技术

随着微电子、计算机、通信和数字化声像技术的飞速发展，多媒体计算机技术应运而生并迅速崛起。特别是进入20世纪90年代以来，多媒体计算机技术在信息社会的地位越来越明显，多媒体技术与计算机相结合，使其应用几乎渗透到人类活动的各个领域。随着应用的深入，人机之间的交互界面不断改善，信息表示和传播的载体由单一的文字形式向图形、声音、静态图像、动画、动态图像等多媒体方面发展。

8. 网络技术与信息高速公路

随着信息技术的迅速发展，发达国家或部分发展中国家都在加紧进行国家级信息基础建设。我国以若干"金"字工程为代表的信息化建设（如金卡工程）正逐步深入，形成了整个信息网络技术前所未有的大发展局面。所谓的计算机网络，是指把分布在不同地域的独立的计算机系统用通信设施连接起来，以实现数据通信和资源共享。网络以地域范围大小分为局域网、城域网和广域网。著名的因特网（Internet）是最大的国际性广域网，它的业务范围主要有远程使用计算机、传送文件和电子邮件、资料查询、远程合作、远程教育等。

9. 教育

计算机在教育中的应用是通过科学计算、信息检索、事务处理、数据管理等多种功

笔 记

能的结合来实现的。这些应用包括计算机辅助教学、自然语言处理等。计算机辅助教学生动、形象、易于理解，是提高教学效果的重要手段之一。目前，微型计算机已普及到了百姓家庭，可用于娱乐、教育、理财、通信、个人数据库等方面，作用不可估量。

10. 人工智能

人工智能在计算机领域内得到了愈加广泛的重视，并在机器人、控制系统、经济政治决策、仿真系统中得到应用。

《人工智能原理》作者尼尔逊教授对人工智能下了这样一个定义："人工智能是关于知识的学科——怎样表示知识以及怎样获得知识并使用知识的科学。"而麻省理工学院的温斯顿教授认为："人工智能就是研究如何使计算机去做过去只有人才能做的智能工作。"这些说法反映了人工智能学科的基本思想和基本内容，即人工智能研究人类智能活动的规律，构造具有一定智能的人工系统，研究如何让计算机去完成以往需要人才能胜任的工作，也就是研究如何应用计算机的软硬件来模拟人类某些智能行为的基本理论、方法和技术。

人工智能是研究使计算机来模拟人的某些思维过程和智能行为的学科，如学习、推理、思考、规划等，主要包括计算机实现智能的原理、制造类似于人脑智能的计算机，使计算机能实现更高层次的应用。人工智能将涉及计算机科学、心理学、哲学和语言学等学科，可以说几乎是自然科学和社会科学的所有学科。人工智能与思维科学的关系是实践和理论的关系，人工智能处于思维科学的技术应用层次，是它的一个应用分支。从思维观点看，人工智能不仅限于逻辑思维，还要考虑形象思维、灵感思维，才能促进人工智能的突破性发展。数学常被认为是多种学科的基础科学，目前数学也进入了语言、思维领域，人工智能学科也必须借用数学工具。数学不仅在标准逻辑、模糊数学等范围发挥作用，而且数学进入人工智能学科后，它们将互相促进从而更快发展。

2.2 计算机技术的分类

2.2.1 系统技术

PPT 2-3
计算机技术的分类

PPT

计算机作为一个完整系统所运用的技术，主要有系统结构技术、系统管理技术、系统维护技术和系统应用技术等，如图 2-3 所示。

图 2-3
计算机系统技术

1. 系统结构技术

系统结构技术的作用是使计算机系统获得良好的解题效率和合理的性能价格比。

电子器件的进步，微程序设计和固体工程技术的进步，虚拟存储器技术及操作系统和程序语言等方面的发展，均对计算机系统结构技术产生重大影响。它已成为计算机硬件、固件、软件紧密结合的涉及电气工程、微电子工程和计算机科学理论等多学科的技术。

现代计算机的系统结构技术主要有两个方面：一是程序设计者所见的系统结构，它是系统的概念性结构与功能，关系到软件设计的特性；二是硬件设计者所见的系统结构，实际上是计算机的组成或实现，主要着眼于性能价格比的合理化。

随着技术的进步，元器件价格逐渐下调，为特殊用途专门设计的系统的性价比越来越高，如数据库计算机、图像处理计算机等。

微课 2-3
计算机技术的分类

2. 系统管理技术

计算机系统管理自动化是由操作系统实现的。

操作系统的基本目的在于最有效地协调计算机的软件、硬件资源，以提高机器的吞吐能力、运算时效，方便计算机的操作使用，改善系统的可靠性，降低算题费用等。

操作系统的基本功能，是对计算机系统的各种资源以至用户程序施行有效的管理、调度和指挥，主要为作业管理、文件管理、数据管理、处理器管理、输入输出管理、存储空间管理、人机通信管理、终端网络管理、系统故障管理、系统再组合及对其他软件的管理等。此外还负责对用户的数据和程序实施保护和保密，以及收费计算等。

3. 系统维护技术

系统维护技术是计算机系统实现自动维护和诊断的技术。

实施维护诊断自动化的主要软件为功能检查程序和自动诊断程序。功能检查程序针对计算机系统各种部件各自的全部微观功能，以严格的数据图形或动作重试进行考查测试并比较其结果的正误，确定部件工作状态是否正常。自动诊断程序根据部件的具体逻辑，以特定的算法生成大量的测试数据和故障字典，将诊断机或其他特设硬件作为"硬核"，对故障部件有关的测试路径进行步数启动，并回收测试结果，对有故障者查询故障字典以确定故障部位。

4. 系统应用技术

计算机系统的应用非常广泛。程序设计自动化和软件工程技术是与应用有普遍关系的两个方面。

程序设计自动化，即用计算机自动设计程序，是使计算机得以推广的必要条件。早期的计算机靠人工以机器指令编写程序，费时费力，容易出错，阅读和调试修改均十分困难。20 世纪 50 年代初期开始使用汇编语言，有效地改善了程序设计的条件，虽然它是低级语言，但因可人工编写出高质量的程序而仍保有其生命力。50 年代中期出现的高级程序设计语言，根据课题算法的规律与特点，使设计者可以用语言形式编制出课题的源程序，然后通过编译或解释，自动编出以机器指令形式表达的目的程序，大大提高了程序设计的劳动生产率。

软件工程技术主要包括软件开发的方法论和软件开发的支援系统。方法论研究程序设计的原理、原则和技术，生产出价格合理、可靠和易读的程序。支援系统则主要对软件生产过程的各阶段提供支持工具，以提高软件生产的效率与质量。软件生产工程化对计算机技术的发展具有重大意义。20 世纪 60 年代之前，软件生产方式比较落后，以人工为主，自动化程度较差，设计、修改、维护费用昂贵，产品错误率较高，以致发生所谓的"软件危机"，因此，在 20 世纪 60 年代末提出了"软件工程"，即将软件生产视为一种工程或工业，使软件生产采取与硬件相类似的形式，创立软件设计、调试、维护、生产组织管理等

笔 记

的科学方法，制定软件标准，研制软件生产的工具等。软件工程已受到重视并获得较普遍的推广。

2.2.2 器件技术

电子器件是计算机系统的基础，计算机复杂逻辑的基层线路为"与门""或门"和"反相器"，由此组成的高一层线路有"组合逻辑"和"时序逻辑"两类。电子器件作为计算机划时代的标志，将计算机的发展划分为4代。

1. 电子管计算机时代

第一代是电子管计算机时代（1946—1959年），电子管如图2-4所示。此时的计算机运算速度慢，内存容量小，使用机器语言和汇编语言编写程序，主要用于军事和科研部门的科学计算。

2. 晶体管计算机时代

第二代是晶体管计算机时代（1959—1964年），晶体管如图2-5所示。此时计算机的主要特征是采用晶体管作为开关元件，计算机的可靠性得到提高，而且体积大大缩小，运算速度加快，其外部设备和软件也越来越多，并且高级程序设计语言应运而生。

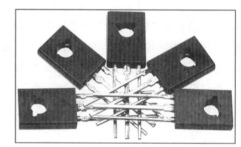

图 2-4
电子管

图 2-5
晶体管

3. 小规模和中规模集成电路时代

第三代是小规模集成电路（SSI）和中规模集成电路（MSI）计算机时代（1964—1975年），小规模集成电路如图2-6所示。此时的计算机以集成电路作为基础元件，这是微电子与计算机技术相结合的一大突破，并且有了操作系统。

4. 大规模和超大规模集成电路时代

第四代计算机将CPU、存储器及I/O接口集成在大规模集成电路和超大规模集成电路芯片上，大规模集成电路如图2-7所示。该时期的计算机在存储容量、运算速度、可靠性及性能价格比方面与上一代计算机相比均有较大突破。其中，按照时间及集成电路规模的先后又分有3个阶段。

（1）大规模集成电路（Large Scale Integration, LSI）和超大规模集成电路（Very Large Scale Integration, VLSI）计算机时代（1975—1990年）。

（2）超大规模集成电路（Ultra Large Scale Integration, ULSI）计算机时代（1990—2005年），其主要标志有两个：一个是单片集成电路规模达100万个晶体管以上；另一个是超标量技术的成熟和广泛应用。

图 2-6
小规模集成电路

图 2-7
大规模集成电路

（3）2005 年以后是极大规模集成电路计算机时代，单片集成电路规模可达一亿到十亿个晶体管。

2.2.3 部件技术

计算机系统是由数量和品种繁多的部件组成的。部件技术的内容十分丰富，主要有运算与控制技术、信息存储技术和信息输入输出技术等。

笔 记

1. 运算与控制技术

计算机的运算和逻辑功能主要是由中央处理器、内存储器、通道或 I/O 处理器及各种外部设备控制器部件实现的。中央处理器是计算机的核心部件。运算算法的研究对加速四则运算特别是乘除运算有重要作用，从逻辑方法上大大缩短进位与移位的时间。

指令重叠、指令并行、流水线作业及超高速缓冲存储器等技术的应用，可提高中央处理器的运算速度。微程序技术的应用，使原来比较杂乱和难以变动的随机控制逻辑变得灵活和规整，它把程序设计的概念运用于机器指令的实现过程，是控制逻辑设计方法上的一大改进，但因受到速度的限制，多用于中小型计算机、通道和外部设备部件控制器中。

多道程序和分时系统技术的产生，以及各种存储器和输入/输出部件在功能和技术上的发展，使计算机系统内部信息的管理方法与传输成为重要内容，计算机的控制从集中式走向分布式，出现了存储器控制技术与通道、外部设备部件控制技术等。

2. 信息存储技术

存储技术使计算机能将极其大量的数据和程序存放于系统之中，以实现高速处理。由于存储在容量、速度、价格三者之间存在尖锐矛盾，存储器不得不采取分级的体系，形成存储器的层次结构，自上至下可分为超高速缓存、内存储器和外存储器等。内存储器是存储体系的核心，直接参与处理器的内部操作，因此它应具有与处理器相适应的工作速度。

从存储介质上而言，金属氧化物半导体存储器（简称 MOS 存储器）在速度、价格、功耗、可靠性及工艺性能等方面均有很大优越性。内存储器的工作速度（一般速度以 MHz 为单位）一直未能跟上处理器的工作速度（一般速度以 GHz 为单位），存在较大的速度差。为充分发挥处理器潜力，出现了超高速缓冲存储器来解决速度差的问题，使二者速度相匹配，但价格较高，容量一般只有内存储器的几百分之一。

3. 信息输入输出技术

输入输出设备是计算机送入数据和程序、送出处理结果的设备。最早的信息使用打

笔 记

孔卡片或者纸带，通过卡片或纸带输入机将数据和程序送入计算机，经过时代发展，逐渐采用键盘或者其他输入设备进行数据的输入。

在输出方面，最早采用的是使用击打技术的各类打印机，但速度受到机械运动的限制，非常慢。通过研究，人们发明了使用非击打技术的将电压直接加在电介质涂覆纸张以取得静电潜像的静电式打印机，还发明了靠激光在光导鼓上扫描而形成静电潜像的激光静电式打印机，利用喷墨雾点带电荷后受电极偏转而形成文字的喷墨式打印机，利用热敏纸张遇热变色原理而出现的热敏打印机。人机对话输出多采用以显像管、LCD、LED 显示器进行图像文字显示的终端设备。计算机的输入输出技术正向智能化发展。

2.2.4 组装技术

组装技术同计算机系统的可靠性、维修调试的方便性、生产工艺性和信息传递的延迟程度有密切的关系。

由于计算机是由电子元器件组成的，它对环境的使用有较高的要求，环境温度和湿度的升高都会造成性能的下降，灰尘的集聚会导致元器件或者主板等短路，引起故障，因而冷却方面是组装技术需要解决的重要问题。常用的冷却方式有氟利昂冷却散热片方式，也可以使用氟利昂冷却水通过散热片的方式，还可以使用氟利昂冷却空气，通过风冷技术达到降温的目的。由于技术和条件的限制，目前主要还是采用风冷技术。

计算机电子器件的变革，对组装技术产生了极大影响，随着计算机的换代，组装技术不断向小型化、微型化发展。在电子管时期，一个"门"即是一个插件，使用焊钉、导线钎焊而成。晶体管使组装密度提高了一个数量级，每一个插件可包含若干个"门"，一般组装时采用单面板或者双面板。集成电路将过去的接插件融入到了元器件内，采用多层板的印制技术，大大提高了组装的密度，使组装实现微型化，典型的方法是将集成电路的裸芯片焊接在多达 30 余层的陶瓷片上，构成模块，然后将模块焊接于 10 余层的印刷底板上。

2.3 计算机网络技术

PPT 2-4
计算机网络技术

2.3.1 计算机网络

计算机网络是计算机技术、通信技术和网络技术相结合的产物，是现代社会重要的基础设施，为人类获取和传播信息发挥了巨大的作用。纵观计算机网络的发展历程，大致可分为计算机终端网络、计算机通信网络、以共享资源为主的标准化网络、网络互联和高速计算机网络这 4 个阶段。

微课 2-4
计算机网络技术

1. 定义和功能

计算机网络是指将地理上分散的具有独立功能的多台计算机，利用通信设备和传输介质相互连接，并配以相应的网络协议和网络软件，实现数据通信和资源共享的计算机系统。计算机网络的主要功能如下。

- 信息交流。计算机网络为分布在世界各地的用户提供了强有力的通信手段，以实现传送电子邮件、发布新闻消息和进行电子商务活动。
- 资源共享。资源共享是指在计算机网络中，某台计算机的资源（包括硬件、软件资源）可以被其他具有访问权限的计算机使用，以提高资源的利用率。

- 分布式处理。分布式处理是指当网络中某台计算机的任务过重时，可以将其部分
  任务转交给其他空闲的计算机处理，以实现负载均衡。
- 提高系统的安全性与可靠性。当计算机网络中的一台计算机出现故障时，可以使
  用另一台计算机；当网络中的一条通信线路有了问题时，可以取道另一条线路，
  从而提高网络整体的可靠性。

2. 组成

从逻辑功能角度看，计算机网络可分为资源子网和通信子网两部分。

资源子网由计算机系统（简称主机）、终端控制器和软件数据资源构成，负责网络中的数据处理，并可向网络用户提供各种网络资源和网络服务。

通信子网用于提供网络通信功能，完成网络主机之间的数据传输、交换、通信控制和信号变换等工作，主要包括通信线路、网络连接设备、网络协议和通信软件等。

3. 分类

可以从多个角度对计算机网络进行分类，下面介绍几种常见的分类方法。

（1）按地理范围划分

当前获得普遍认可的计算机网络划分标准是按照地理范围进行的。据此标准，可以把各种网络类型划分为局域网、城域网、广域网和互联网4种。

局域网（LAN）通常是一个单位、企业的计算机之间为了互相通信，共享某些外部设备（如打印机等）而组建的地理区域有限的计算机网络，其通信一般使用双绞线或同轴电缆。局域网的特点就是连接范围窄，用户数少，配置容易，连接速率高。IEEE 802标准中定义的局域网包括以太网、令牌环网、光纤分布式接口网络、异步传输模式网及无线局域网。

城域网（MAN）的覆盖范围介于局域网和广域网之间，可覆盖一个城市，通常使用光纤或微波作为网络的主干通道。

广域网（WAN）覆盖的范围比城域网广，一般用于将不同城市之间的局域网或者城域网互联，地理范围可从几百千米到几千千米，其通信传输装置一般由电信部门提供。

网络的互联形成了更大规模的互联网，它可以使不同网络中的用户能相互通信和交换信息，以实现局域资源共享与广域资源共享相结合。

（2）按物理连接方式划分

计算机或设备通过传输介质在计算机网络中形成的物理连接方式称为网络拓扑结构。按拓扑结构划分，计算机网络有星形、树形、总线型、环形和网状5种，如图2-8所示。

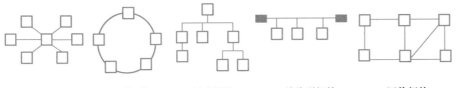

| 星形拓扑 | 环形拓扑 | 树形拓扑 | 总线型拓扑 | 网状拓扑 |

图 2-8
网络拓扑结构

星形拓扑结构网络中的每个站点都通过电缆与主控机相连，站点间通过主控机进行通信。星形拓扑结构的特点：对主控机的可靠性要求高；一个结点和主控机的连接出现问题，不会影响主控机和其他结点的通信；结构简单；增加工作站点容易等。

环形拓扑结构是指通过总线把网络中的各个结点连接在一个闭合的环路上，信息沿环形线路单向传输，由目的站点接收。环形网络的优点是结构简单，成本低；缺点是环中任意一点的故障都会引起网络瘫痪，可靠性低。

树形拓扑结构是对星形拓扑结构的扩展，其中的结点按层次进行连接，信息交换主要在上下结点之间进行，相邻及同层结点之间一般不进行数据交换或数据交换量小。

总线型结构是将网络中的各台计算机通过一根总线相连，信息可沿两个方向由一个站点传向另一个站点。这种结构的优点是系统可靠性较高，结构简单，成本低。

将上述多种网络拓扑结构连接在一起就形成了网状结构，其目的是为了兼容各种不同拓扑结构的网络。结点之间存在的冗余链路使得网状结构的可靠性高，缺点是通信线路长、成本高、路径控制复杂。

（3）按传输介质分类

网络传输介质是指在网络中传输信息的载体。根据传输介质的不同，计算机网络分为有线网和无线网两大类。其中，有线网采用双绞线、同轴电缆和光纤作为传输介质；无线网采用红外线、微波和光波作为传输载体。

4．网络协议和网络体系结构

（1）网络协议

网络协议是网络中的计算机为进行数据交换而制定的规则、标准或约定，包括通信双方互相交换的数据或者控制信息的格式、应给出的响应和完成的动作及它们之间的时序关系。

（2）网络体系结构

为了实现复杂的网络通信，在制定网络协议时引入了分层的思想，每一层都有相应的协议，相邻层之间也有层间协议。计算机网络的各层协议及层间协议的集合称为网络体系结构，典型的网络体系结构有 OSI 和 TCP/IP。

- OSI（开放系统互联）是 ISO 制定的计算机网络标准，它将计算机网络的体系结构自上而下分为应用层、表示层、会话层、传输层、网络层、数据链路层和物理层 7 层。
- TCP/IP 是传输控制协议/网际协议的英文缩写，已经成为实际的工业标准。一般认为，TCP/IP 参考模型自上而下分为应用层、传输层、网络层和网络接口层 4 层。其中，应用层面向用户，完成了有关表达、编码和对话的控制，包含 HTTP、FTP、SMTP、DNS 等协议；传输层处理流量控制、数据重传等问题，包含 TCP 和 UDP 协议；网络层把来自网络设备的数据分组发送到目标设备，包含 IP、ARP 和 RARP 等协议；网络接口层的功能相当于 OSI 模型中物理层和数据链路层的所有功能。

2.3.2 三网融合

三网融合是一种广义的、社会化的说法，是指对电信网、广播电视网、互联网进行技术改造，实现宽带通信网、数字电视网、下一代互联网的融合。其技术功能趋于一致，业务范围趋于相同，网络互联互通形成无缝覆盖，资源共享，业务层上互相渗透和交叉，应用层上趋向使用统一的IP协议，能为用户提供语音、数据和广播电视等多种服务。三网融合并不意味着三大网络的物理合一，而主要是指高层业务应用的融合。三网融合应用广泛，遍及智能交通、环境保护、政府工作、公共安全、平安家居等多个领域。以后，手机可以看电视、上网，电视可以打电话、上网，计算机可以打电话、看电视。三者之间相互交叉，形成你中有我、我中有你的格局。三网融合示意图如图 2-9 所示。

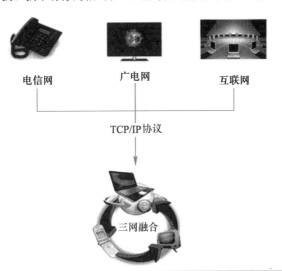

图 2-9
三网融合示意图

为实现三网融合，需要使多项技术具有标准化和统一性。

- 数据格式的统一（信源）：如电话、数据和图像信号都可以通过统一的编码进行传输和交换，所有业务在网络中都将成为"0"和"1"的比特流，大量多媒体数据需经过统一的压缩处理，以适应不同终端的需求，从而使各种不同类型的数据通过数字终端存储起来，或以视觉、听觉的方式呈现在人们的面前。
- 通信协议的统一（信道）：如统一的 TCP/IP 协议，或无论传输使用无线网络（移动通信、卫星通信、光通信等）还是有线网（金属线或光纤）， 都能安全可靠地传递数据。
- 通信终端接口的统一（信宿）：即无论接收终端是掌上电脑、台式计算机，还是大屏幕电视，都可以正确识别数据类型并能正确接收。

2.3.3 互联网应用

如今的互联网已渗透到各行各业，除基础应用外，电子政务、数字娱乐、电子商务、网络媒体、网络求职、网络教育、网络证券、网上银行等都与我们的生活和工作息息相关。

1. 基础应用

互联网基础应用主要包括搜索引擎、网络资源下载、电子邮件、即时通信等。
① 搜索引擎的相关知识请参考"1.5 搜索引擎"章节内容。
② 网络资源的常见下载方式有 HTTP 下载、FTP 下载、P2P 下载、P2SP 下载及流媒体下载等。
- HTTP 下载方式通过网站服务器进行资源下载，主要有直接使用 IE 浏览器和使用

笔 记

专门下载工具两种下载方式。IE 下载不支持"断点续传"，不能多线程下载，速度比较慢，适合下载小文件。专门工具主要包括网络蚂蚁与网际快车等，这类工具的下载速度快，且便于管理下载后的文件。

- FTP 下载基于 FTP 协议，用户登录到 FTP 服务器中会看到像本地硬盘一样的布局界面，单击其中的文件即可进行下载。
- P2P（Peer-to-Peer）下载能够使用户直接连接到其他用户的计算机上交换文件，而不是连接到服务器上浏览和下载。
- P2SP 下载方式实际是对 P2P 技术的进一步延伸，它的下载速度更快，下载资源也更丰富，下载稳定性更强。
- 流媒体下载可以通过专门的工具软件"影音传送带"进行，这是一个高效稳定、功能强大的下载工具。其下载速度快，CPU 占用率低，支持多线程与断点续传。

③ 电子邮件是一种用电子手段提供信息交换的通信方式，是互联网应用最广的服务之一。电子邮件不仅可以传输纯文本，还可以传输带有图像、声音和视频文件等的附件信息。同时，用户可以得到大量免费的新闻、专题邮件，并实现轻松的信息搜索。电子邮件的存在极大地方便了人与人之间的沟通与交流，促进了社会的发展。

④ 即时通信（Instant Message，IM）是指能够即时发送和接收互联网消息等的业务。即时通信最初是由 AOL、微软、雅虎、腾讯等独立于电信运营商的即时通信服务商提供的。但随着其功能日益丰富、应用日益广泛，特别是出现了即时通信增强软件的某些功能，如 IP 电话等，已经在分流和替代传统的电信业务。典型代表有 QQ、百度 hi、网易泡泡、盛大圈圈、淘宝旺旺等。

2. 电子政务

电子政务是指国家机关在政务活动中全面应用现代信息技术、网络技术及办公自动化技术等进行办公、管理和为社会提供公共服务的一种全新的管理模式。广义的电子政务范畴，应包括所有的国家机构；狭义的电子政务主要包括直接承担管理国家公共事务、社会事务的各级行政机关。

电子政务的主要内容如下。

- 政府从网上获取信息，推进网络信息化。
- 加强政府的信息服务，在网上设有政府自己的网站和主页，向公众提供可能的信息服务，实现政务公开。
- 建立网上服务体系，使政务在网上与公众互动处理。
- 将电子商业用于政府，即"政府采购电子化"。
- 充分利用政务网络，实现政府"无纸化办公"。
- 政府知识库。

3. 数字娱乐

数字娱乐产品包括以动漫、卡通、网络游戏等基于数字技术的娱乐产品。

随着互联网产业的蓬勃发展，数字娱乐开始出现在每个人的身边。数字娱乐涉及移动内容、互联网、动漫、动画、影音、数字出版和数字化教育培训等多个领域，现在延伸至视频点播平台、视频类网站、视频类移动 APP、彩票网站、出票商、票务、游戏等。数字娱乐为企业实现收款、付款、对账、查询和结算等支付服务的同时，还帮助数字娱乐企业增加企业用户黏性，提升用户活跃度，降低运营成本，扩大整体收益。数字娱乐产业以强力的发展支持了新经济，在新兴的文化产业价值链中，数字娱乐产业是创造性最强、对高科技的依存度最高、对日常生活渗透最直接、对相关产业带动最广、增长最快、发展潜力最大的部分。

笔 记

4. 电子商务

电子商务是以信息网络技术为手段，以商品交换为中心的商务活动，也可理解为在互联网（Internet）、企业内部网（Intranet）和增值网（Value Added Network，VAN）上以电子交易方式进行交易活动和相关服务的活动，是传统商业活动各环节的电子化、网络化、信息化。

电子商务通常是指在全球各地广泛的商业贸易活动中，在因特网开放的网络环境下，基于浏览器/服务器应用方式，买卖双方无须谋面即可进行各种商贸活动，实现消费者的网上购物、商户之间的网上交易和在线电子支付，以及各种商务活动、交易活动、金融活动和相关的综合服务活动的一种新型的商业运营模式。各国政府、学者、企业界人士根据自己所处的地位和对电子商务参与的角度和程度的不同，给出了许多不同的定义。电子商务可分为 ABC、B2B、B2C、C2C、B2M、M2C、B2A（即 B2G）、C2A（即 C2G）、O2O 等。

本书 7.4.2 小节将会对电子商务、移动支付业务的典型应用进行详细介绍。

互联网技术的演进正在给人类社会带来巨大变革。有专家表示，基于 IPv6 的下一代互联网，将成为支撑前沿技术和产业快速发展的基石，有力支撑起人工智能、物联网、移动互联网、工业互联网、5G 等前沿技术的发展，催生出更多新业态、新应用、新场景，最终惠及每一个网民。

习 题

一、选择题

1. 世界上不同型号的计算机，其工作原理都是基于科学家（   ）提出的存储程序控制原理。

    A. 约翰·莫克利   B. 查尔斯·巴贝齐

    C. 图灵   D. 冯·诺依曼

2. 下列不属于计算机的发展方向是（   ）。

    A. 巨型化   B. 微型化

    C. 信息化   D. 智能化

3. 世界上首次实现存储程序的计算机称为（   ）。

    A. ENIAC   B. ENIVAC

    C. EDVAC   D. EDSAC

4. 冯·诺依曼提出的计算机工作原理为（   ）。

    A. 存储程序控制   B. 布尔代数

    C. 开关电路   D. 二进制码

5. 目前制造计算机所采用的电子器件是（   ）。

    A. 晶体管   B. 超导体

文本 习题参考答案

  C. 中小规模集成电路　　　D. 超大规模集成电路

6. 在下列计算机应用项目中，属于数值计算应用领域的是（　　　）。

  A. 气象预报　　　　　　　B. 文字编辑系统

  C. 运输行李调度　　　　　D. 专家系统

7. 根据计算机的（　　　），计算机的发展可划分为 4 代。

  A. 体积　　　　　　　　　B. 应用范围

  C. 运算速度　　　　　　　D. 主要元器件

8. 未来计算机的发展趋向于巨型化、微型化、网络化、（　　　）和智能化。

  A. 多媒体化　　　　　　　B. 电器化

  C. 现代化　　　　　　　　D. 工业化

9. CAM 是计算机应用领域中的一种，其含义是（　　　）。

  A. 计算机辅助设计　　　　B. 计算机辅助制造

  C. 计算机辅助教学　　　　D. 计算机辅助测试

10. 未来计算机的速度不断加快，存储容量更大，功能更完善，这说明了未来计算机的发展具有（　　　）趋势。

  A. 网络化　　　　　　　　B. 智能化

  C. 巨型化　　　　　　　　D. 微型化

11. 搜索引擎是一个提供信息检索服务的网站，下面的（　　　）网站不是信息搜索类网站。

  A. 百度　　　　　　　　　B. 搜狗

  C. 天网搜索　　　　　　　D. 人民网

12. 下列（　　　）下载方式不需要服务器。

  A. P2P　　　　　　　　　B. HTTP

  C. P2SP　　　　　　　　D. FTP

二、填空题

1. 在整个的计算机系统中，部件技术多而烦琐，其中主要是_____、_____、_____技术。

2. 计算机系统技术包含了_____、_____、_____、_____。

3. 三网融合是一种广义的、社会化的说法，是指将_____、_____、_____进行技术改造，实现宽带通信网、数字电视网、下一代互联网的融合。

4. Internet 使用_____协议将全世界不同国家、不同地区、不同结构的计算机、国家主干网、局域网等高速地互联起来。

5. P2SP 下载方式实际是对_____技术的进一步延伸，它的下载速度更快，下载资源也更丰富，下载稳定性更强。

三、简答题

1. 简述计算机网络的分类。

2. 互联网主要有哪些应用？

四、操作题

请申请一个免费的 126 邮箱，并完成一次电子邮件的收发操作。

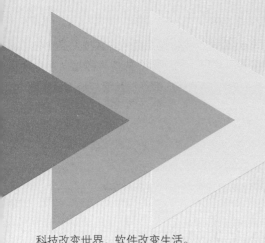

单元3
软件技术

科技改变世界，软件改变生活。

软件无处不在，越来越多的人离不开软件。你打开电脑、使用手机、购物娱乐……软件一直在帮你，软件已经渗透到我们的工作、生活、娱乐等方方面面，软件每一天都在改变着这个世界。

覆盖了专车、顺风车、快车、代驾等多项业务的一站式打车软件近年越发普及。几款市场份额最高的出行服务软件，不但大大提高了城市的交通资源利用率，也改变了人们的出行方式。这种一站式打车模式引导交通智能化和共享出行，同时让中国成为交通变革的中心，它连接了超过 2100 万的专职司机和私家车主、近 4.5 亿的乘客、各大小汽车租赁公司及汽车经销商等生态圈，每天完成的订单超过 2500 万单，利用软件充分调动了各类车辆资源，极大地缓解了城市的交通压力，如图 3-1 所示。

图 3-1
一站式打车软件

当前，世界正进入以信息产业为主导的新经济发展时期，我们正处于一个创新软件与高性能硬件、虚拟网络、实际生产相结合的信息交互时代，工业、科技、军事等各个重要领域都需要软件应用。软件技术日新月异，软件的数量也以惊人的速度剧增，从普通 PC 上的各种应用软件到手机上的 APP，从各种汽车车载的嵌入式软件到船舶、航空航天等军工嵌入式控制软件，包括现在很火的"人工智能""机器人"等，都是在软件迅速发展的基础上发展起来的。

软件是指计算机系统执行某项任务所需的程序、数据及文档的集合，它是计算机系统的灵魂。软件技术是信息技术产业的核心之一。那么，软件中的数据是如何表示并处理的呢？数据信息又是怎么存放的？如何有效、系统、规范地开发一套高质量的软件呢？

文本 单元设计

3.1 数据表示技术

在信息化时代，数据就是财富，互联网公司都在依靠挖掘用户数据发展业务，数据被认为是新时代的"能源"。比如，搜索引擎可以利用用户的搜索数据向用户展示广告以获得营收；社交类APP依靠用户的人群画像向用户推荐信息流广告以获得收入；许多电商平台，也利用用户数据进行"千人千面"的智能化推荐，以提高订单的成交率。

·3.1.1 数据与信息的表示

PPT 3-1
数据与信息的表示

PPT

数据就是生产力、财富，那么数据在计算机内部是如何表示的呢？

1. 数据和信息的定义

数据（Data）是指在数据采集时使用约定俗成的关键字或可以鉴别的符号对客观事物的数量、属性、状态及相互关系等进行抽象表示并记录，以适合人工或自然的方式进行保存、传递和处理，是用于表示客观事物的未加工的原始素材。数据是最原始的记录，未被加工解释，与其他数据之间没有建立相互联系，是分散和孤立的。在计算机系统内部，数据都是以二进制"0""1"的形式表示的。

信息（Information）是指从采集的数据中获取的有用信息，数据经过加工处理后，使得数据之间建立相互联系，是有逻辑的、有一定含义的、对决策有价值的数据。信息需要经过数字化转换后才能存储和传输。同时信息是具有时效性的，因此信息=数据+时间+处理。

微课 3-1
数据与信息的表示

信息与数据既有联系，又有区别。数据是信息的具体表现形式和载体，而信息是数据的内涵，信息加载于数据之上，可对数据做具有含义的解释。数据和信息是不可分离的，信息依赖数据来表达，数据则生动具体地表达出信息。数据是信息的原料，信息是数据经过处理器处理并存储之后的产品，如图 3-2 所示。

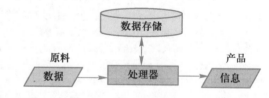

图 3-2
数据和信息的关系

数据可以是数字，可以是具有一定意义的文字、字母、数字符号的组合，也可以是图形、图像、视频、音频等，是可识别的、抽象的符号。在计算机科学中，数据是指所有能输入到计算机并能被计算机程序处理的符号的介质的总称。

数据可以是连续的值，如声音、图像，称为模拟数据，也可以是离散的，如符号、文字，称为数字数据。例如，当测量一个病人的体温时，病人的体温为 39℃，写在病历上的 39℃实际上是数据。单独看 39℃这个数据，其本身是没有意义的，它只是个符号而已。但当数据以某种形式经过处理、描述，并与其他数据比较时，便赋予了意义。从上例可知，病历上的 39℃就是给我们带来的信息，信息是有意义的。

总之，数据和信息是不可分离的，数据是信息的表达，信息是数据的内涵。数据本身没有意义，数据只有对实体行为产生影响时才成为信息。

2. 数据的分类

计算机使用的数据可以分为数值数据和非数值数据。

数值数据主要应用于科学计算或工程计算，如算术运算、求解方程等。非数值数据包括文字、图形、图像、音频、视频等，一般用在模式识别、情报检索、人工智能、数学定理证明、语言翻译、计算机辅助教学等领域。

在计算机中，数值数据和非数值数据都是用二进制数来存储和处理的。数值数据需要进行进制转换，转换为二进制数，非数值数据需要按照标准进行编码转换，转换成二进制数。

计算机使用二进制的原因主要如下。

- 实现简单。计算机由逻辑电路组成，逻辑电路只有开关的接通和断开两种状态，可以用"1"和"0"分别表示。
- 运算简化。二进制数和二进制数之间的和、积运算组合都只有 3 种，和的运算是 0+0=0、0+1=1（1+0=1）、1+1=10（向高位进位），积的运算是 $0*0=0$、$0*1=0$（$1*0=0$）、$1*1=1$，运算简单，利于简化计算机内部的结构，从而提高运算的速度。
- 逻辑运算。因为二进制只有两个数码，正好与逻辑代数中的"真"和"假"相吻合，采用二进制适合逻辑运算。
- 转换方便。二进制与八进制、十六进制和十进制数互相转换比较方便。
- 抗干扰能力强，可靠性高。采用二进制表示后，每位数据只有两个状态，当受到一定干扰时能可靠地辨别并更正。

3. 数据的单位

位（bit）是数据的最小单位，表示一位二进制数据，代码只有 0 和 1。

字节（Byte，B）是信息组织和存储的基本单位，每个字节由 8 位二进制数字组成，它是计算机体系结构的基本单位。

近几年，随着信息化程度的不断深入，全球数据的增长速度每年达 40%，用户数据量急剧增长，尤其是大数据等应用的兴起及各行业的业务变革，带来的是几倍乃至几十倍的数据量增长，原来的硬盘存储容量已经远远不能满足要求，云存储、分布式存储甚至超级计算机等技术不断更新，存储容量的单位也变得越来越大，常见的存储单位见表 3-1。

表 3-1 常见的存储单位

单 位	名 称	含 义	说 明
b	比特	1b=（1/8）B	位（bit）
B	字节	B	信息存储和组织的基本单位
KB	千字节	1 KB=1024B=2^{10}B	适用于文件计量
MB	兆字节	1 MB=1024 KB=2^{20}B	适用于内存、软盘、光盘计量
GB	吉字节	1 GB=1024 MB=2^{30}B	适用于硬盘计量
TB	太字节	1 TB=1024 GB=2^{40}B	适用于硬盘计量

笔 记

续表

单　位	名　　称	含　义	说　明
PB	拍字节	1 PB=1024 TB=2^{50}B	适用于云储存、虚拟存储、超级计算机计量
EB	艾字节	1 EB=1024 PB=2^{60}B	适用于云储存、虚拟存储、超级计算机计量
ZB	泽字节	1 ZB=1024 EB=2^{70}B	适用于云储存、虚拟存储、超级计算机计量
YB	尧字节	1 YB=1024 ZB=2^{80}B	适用于云储存、虚拟存储、超级计算机计量
BB	珀字节	1 BB=1024 YB=2^{90}B	适用于云储存、虚拟存储、超级计算机计量
NB	诺字节	1 NB=1024 BB=2^{100}B	适用于云储存、虚拟存储、超级计算机计量
DB	刀字节	1 DB=1024 NB=2^{110}B	适用于云储存、虚拟存储、超级计算机计量
CB	馈字节	1 CB=1024 DB=2^{120}B	适用于云储存、虚拟存储、超级计算机计量

4. 数值数据的表示

数值数据可以表示数量、用来进行数值运算。数值数据由数字、小数点、正负符号和表示乘幂的 E 字母组成，数值精确度达 16 位。

PPT 3-2
数值数据的表示（1）

在各种软件编程语言中，数值型数据按存储大小、表示形式与取值范围的不同，又分为多种不同类型，如数值型、浮点型（单精度型、双精度型）和整型等。

按数值是否带符号，可分为带符号数和无符号数；按数的符号的表示方法，可分为真值和机器数；按数制来分，可分为二进制数、十进制数、八进制数和十六进制数等；按数的编码方式，可分为原码、反码和补码；按对小数点的表示，可以分为定点表示法和浮点表示法。但不管是哪种数值类型的数据，都需要转换为二进制数后才能处理。

（1）带符号数和无符号数

微课 3-2
数值数据的表示（1）

用一位二进制数表示数的符号，0 表示正数，1 表示负数，这种表示数的方法，称为带符号数的表示方法。所表示的数，称为带符号的数。带符号的数，最高位为符号位。

如果将全部有效位都用来表示数的大小，这种数的表示方法，称为无符号数的表示方法，所表示的数叫无符号数。

（2）真值与机器数

真值就是利用"+""-"表示数的符号，数值部分为数的绝对值。例如，N1=+1101001B=+105，N2=-1101001B=-105。数的真值可以使用二进制形式、八进制形式、十进制形式或十六进制形式表示。

机器数就是在机器中用最高位表示数的符号，其他位表示数值大小的数。机器数的最高位是符号位，规定用"0"表示正，用"1"表示负。这样对于 n 位二进制数，如果它是一个带符号的数，则最高位就表示数的符号，剩下的 $n-1$ 位表示数的大小。简单地说，机器数就是数据在机器中的二进制表示形式，机器数所表示的值称为该机器数的"真值"。

例如，带符号的数 11101001B，最高位"1"为符号位，代表"-"，其他位为数的值，它的真值为-1101001B（-105）。

（3）不同进制数

我们经常使用的数是十进制数，特点是逢十进一。如人的身高是 1.8 m，体重 80 kg 等都是用十进制表示的。除了十进制数外，在计算机中常见的还有二进制、八进制、十六进制等数，这 3 种进制的数在加法运算中分别是逢二、八、十六进一。不管是哪种类型的数据，都需要转换为二进制数才能处理。表 3-2 所示是常用的 4 种进制之间转换的对应关系。

表 3-2　常用进制对应关系

十 进 制 数	十 六 进 制	八 进 制	二 进 制
0	0	0	00000000
1	1	1	00000001
2	2	2	00000010
3	3	3	00000011
4	4	4	00000100
5	5	5	00000101
6	6	6	00000110
7	7	7	00000111
8	8	10	00001000
9	9	11	00001001
10	A	12	00001010
11	B	13	00001011
12	C	14	00001100
13	D	15	00001101
14	E	16	00001110
15	F	17	00001111

（4）原码、反码和补码

任何一个数在计算机内部都要被表示成二进制数，该二进制数我们称为机器数，它是该数的真值。机器数有固定的位数，同时机器数是带符号的，通常用最高位表示符号，0 表示正，1 表示负。

PPT 3-3
数值数据的表示（2）

在计算机内部，机器数的表示方法有原码、反码和补码 3 种。最常用的是原码和补码两种，原码表示法比较直观，使用补码表示运算则比较简单，计算机中的数值都是以补码的方式存储的。

1）原码

原码表示法是在数值前面增加了一位表示符号位，符号位为 0 表示该数为正，符号位为 1 表示该数为负，其余位表示该数值的绝对值。例如，真值 85 和-85，其原码为01010101 和 11010101。

微课 3-3
数值数据的表示（2）

原码表示法能比较直观地表示机器数，但是原码不能直接参加运算。当用原码进行乘除操作时，可取其绝对值（尾数）直接运算，再按同号相乘除结果为正数，异号相乘除结果为负数的原则处理结果的符号位即可。但对加减运算操作，使用原码表示却极不方便，有可能会出错，需要借助补码。

2）反码

正数的反码是其原码本身；而负数的反码是在原码的基础上，符号位不变，其余各位取反。

在计算机内部使用反码表示法可以化减为加，一般用于设置环境变量。例如，真值为 85 和-85，其反码分别是 01010101 和 10101010。

3）补码

计算机内部，数值都是使用补码来表示和存储的。那么什么是补码呢?

正数的补码是其原码本身；负数的补码是在原码的基础上，符号位不变，其余各位取反，最后末位+1，即"反码加 1"。由此可以看出补码是通过原码转化而来的。例如，真值为 85 和-85，其补码分别为 01010101 和 10101011。

使用补码表示法，计算机内部可以统一处理符号位和数值部分，也可以统一处理加减法。补码是让数的符号位也作为数的一部分参与运算，使实际操作仅与指令规定的操作性质有关，而与数的符号无关。

总之，正数的原码、反码和补码相同，负数的原码、反码和补码都不相同。

（5）小数表示方法

计算机中，小数点的表示有两种方法，即定点表示法和浮点表示法。所谓定点与浮点，是指一个数的小数点位置是固定的还是浮动的。

1）定点表示法

定点表示法是指固定小数点的位置，省略小数点的标记符号"."，从而准确表示一个小数点的方法。小数点的位置可固定在任何数据位的后面，但习惯上，常用下面两种形式。

① 定点纯小数：只能表示纯小数，整数部分是 0，这时将小数点的位置固定在符号位和最高的数值位之间，如图 3-3 所示。

图 3-3
定点纯小数表示法

② 定点整数：只能表示整数，小数部分是 0，我们将小数点的位置固定在最低的有效数值位后面，如图 3-4 所示。

图 3-4
定点整数表示法

很明显，采用定点表示法只能存储和处理纯整数或纯小数，使用具有局限性。为了能处理任意的小数，我们一般要进行以下处理，先将参与运算的小数乘一个"比例因子"，将该小数转换成纯小数或纯整数后，再用定点表示法进行表示和运算。当然，"比例因子"的选择很关键，一定要使参加运算的数、运算过程中的中间结果和最后的运算结果全部在该定点数所能表示的数值范围之内，若超过表示范围，定点表示法就不能使用。

2）浮点表示法

在浮点表示法中，小数点的位置是浮动的。为了使小数点可以自由浮动，浮点数由两部分组成，即尾数部分与阶数部分。浮点数在机器中的表示方法如图 3-5 所示。

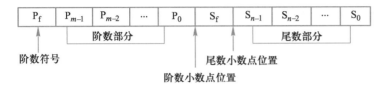

图 3-5
浮点表示法

其中，尾数部分表示该浮点数的全部有效数字，它是一个有符号位的纯小数；阶数部分指明了浮点数实际小数点的位置与尾数（定点纯小数）约定的小数点位置之间的位移量 P（又称为阶数），P 是一个有符号位的纯小数。当阶数为+P 时，则表示小数点向右移动 P 位；当阶数为-P 时，则表示小数点向左移动 P 位。因此，浮点数的小数点随着 P 的符号和大小而自由浮动。

一个浮点数是由两个定点数组合而成的。而一个定点数也可以看成浮点数的特例，即当浮点数的阶数部分为零时，浮点数只剩下尾数部分了。同理，定点数表示法是浮点数表示法的基础，而浮点数表示法是定点数表示法的应用。

5．文本的编码

文本相对于数值数据复杂得多，世界上有多种语言和符号，因此文本字符包括西文字符（字母、数字、各种符号）、中文字符及其他国家字符，即所有不可做算术运算的数据。字符编码，是指对多个字符进行整合，封装成一个文件所使用的编码，以便文本在计算机中存储和通过通信网络传输。

PPT 3-4
文本的编码

计算机以二进制数的形式存储和处理数据，因此，字符必须按特定的规则和标准进行二进制编码。根据不同的用途，有不同的编码方案，较常用的字符编码有 ASCII、Unicode、IOS-8859-1、GB2312、GBK 等。

（1）ASCII 码

ASCII 码是美国信息交换标准代码（American Standard Code for Information Interchange）的缩写，它有 7 位码和 8 位码两种版本。一般我们采用的是 7 位 ASCII 码，即用 7 位二进制数来表示一个字符的编码，一共 2^7(128)个不同的编码值，分别表示 128 个不同的字符。

微课 3-4
文本的编码

英语用 128 个字符来编码是足够的，但是对于非英语的国家，128 个字符无法表示其语言，如中文、日文或韩文等，远远不止 256 个字符，显然一个字节是不够的，至少需要两个字节，而且还不能和 ASCII 编码冲突，因此需要找到更好的方案来表示世界上所有语言中的所有字符。

（2）Unicode 字符集

Unicode（万国码、国际码、统一码、单一码）对大部分不同国家或地区的文字进行了系统的整理、编码。该编码方式使得不同语言的文字都能被识别、呈现和处理。Unicode 通常用两个字节表示一个字符，表示范围是 0x0000～0xFFFF，可以表示 1 114 112 个字符。目前最流行的 Unicode 编码方案是 UTF-8 和 UTF-16。

在软件开发中，使用最为广泛的 Unicode 编码方式就是 UTF-8，它使用 1～4 个字节表示一个字符，根据字符的不同变换长度。

（3）汉字编码

汉字也是一种字符，也需要用二进制进行编码才能被计算机接收。汉字是象形文字，有 60 000 个左右的汉字，常用汉字就达 7 000 个。汉字的编码处理较为复杂，需要对汉字信息进行转换处理，需要经过输入、处理和输出的过程，具体处理的流程如图 3-6 所示。首先是通过汉字输入码输入汉字信息，计算机内部通过统一的编码将输入码转换为汉字的机内码进行存储和处理，最后通过字形码将汉字输出显示。

因此，对汉字信息的处理过程实际上是各种汉字编码间的转换过程。汉字编码主要包括汉字输入码、汉字机内码、汉字地址码、汉字字形码。

图 3-6
汉字信息处理系统的
流程模型

汉字输入 → 输入码 → 国标码 → 机内码 → 地址码 → 字形码 → 汉字输出

1）汉字输入码

汉字输入码是指能通过键盘等直接把汉字输入到计算机的编码。常见的输入编码方式有数字编码、拼音码、字形码、混合编码。

数字编码是用数字串代表一个汉字进行输入，常用的是国际区位码。区位码由区号（即行号）和位号（即列号）构成。我们用 4 位十进制数字表示一个区位码，其中，前两位表示区号，后两位表示位号。例如，"学"字的区号是 49，位号是 07，区位码就是 4907，用两个字节的二进制可表示为 0011000100000111。

拼音码以汉语拼音为基础，是以汉字的汉语拼音或一定规则的缩写形式为编码元素的汉字输入码。常用的有 QQ 输入法、搜狗拼音、智能全拼、微软拼音、紫光拼音等。

字形码是用汉字的形状进行编码的汉字输入码。常见的有五笔输入法。

现在，为了提升输入的速度，不断涌现出很多新的输入法，如语音输入、手写输入和扫描输入。

2）汉字机内码

汉字机内码，我们又称为汉字存储码或者内码。当使用不同的汉字输入码将汉字输入到计算机内时，需要将汉字转换为统一的汉字机内码进行存储、加工处理和传输。汉字机内码是汉字最基本的编码，是由 0 和 1 表示的。

常用的汉字机内码的编码方式有 GB2312、BIG5、GBK、GB18030 和国际标准字符集 Unicode。

3）汉字地址码

汉字地址码是指汉字字库中存储汉字字形信息的逻辑地址码。在汉字库中，字形信息都是按一定顺序连续存放的（一般按照标准汉字国标码中汉字的排列顺序进行存放），因此汉字地址码绝大多数是连续有序的，并且与汉字机内码有对应关系，这样汉字机内码到汉字地址码的转换也相对比较简单。

4）汉字字形码

汉字字形码又称为汉字字模，是存放汉字字形信息的编码。它也与汉字机内码一一对应，用于汉字的输出或显示。每个汉字的字形码都可从预先存放在计算机的汉字库中寻找得到。

汉字字形的描述方法有点阵字形法和矢量表示法两种。点阵字形法是将汉字用一个 16×16 或 24×24 的点阵表示，通过每个排列的点的黑白颜色来描述一个汉字字形。矢量表

笔 记

示法通过曲线来描述汉字字形的轮廓特征，一般采用数学方法描述汉字的轮廓曲线。

6. 图像的表示

图像表示是指图像信息在计算机中的表示和存储方式。目前，图像在计算机中有两种表示方法：位图和矢量图。这两种表示的编码方式不同，会直接影响图像的质量、存储图像的空间大小、图像传送的时间和图像修改处理的难易程度。

PPT 3-5
图像、音频和视频的
表示

（1）位图

位图是以屏幕上的像素点位置来存储图像的，位图图像被分成像素矩阵，每个像素是一个小点，这些小点对应显存中的"位"，位决定了像素的图形属性，如像素的颜色、灰度、明暗对比度等。当一个像素所占的位数较多时，它所能表现的颜色就更丰富，色彩就更艳丽。位图图像有单色图像、灰色图像、彩色图像。

单色图像只有黑白两种颜色，它使用一位二进制数来表示一个像素。如果像素点上对应的图像单元是黑色，在计算机中就用 0 来表示；如果对应的是白色，在计算机中就用 1 来表示。

微课 3-5
图像、音频和视频的
表示

灰度图像通常由黑、白、灰组成，可以通过增加位的长度来表示灰色度。例如，可使用两位模式来显示四重灰度级。黑色像素被表示成 00，深灰色像素被表示成 01，浅灰色像素被表示成 10，白色像素被表示成 11。

彩色图像是每个像素都由红（R）、绿（G）、蓝（B）3 个基色分量构成的图像，其中，每个基色通过不同的取值表示基色的不同强度。目前，我们常见的彩色图像有 16 种、256 种或 1 670 万种颜色 3 种，颜色越多，得到的图像就越真实，色彩饱和度也越高。16 色彩色图像表示每个像素有 16 种颜色，每个像素需要用 4 位二进制数来存储和表示。对于 256 色彩色图像，每个像素有 256 种颜色，每个像素需要使用 8 位二进制数来存储和表示，即一个字节。1 670 万色的彩色图像又称为 24 位图像或真彩色图像，每个像素可以有 1 670 万种颜色，每个像素需要使用 24 位二进制数来存储和表示，即一个像素需要 3 个字节。

笔 记

位图图像比较适合呈现层次和色彩较丰富的现实图像或图片，如使用手机、摄像机、数字照相机拍摄的图像，扫描仪扫描的图像，或者设备捕捉获取的数字帧画面。常见的位图图像扩展名有.jpg、.bmp、.jpeg 和.png 等。

（2）矢量图

矢量图像又称为绘图图像，它通常使用直线、曲线来描述图形。矢量图看起来没有位图图像真实，实际上它不是真正的图像，而是一些点、线、多边形、圆形或弧线等，可以通过数学公式获取。我们可以通过绘图软件绘制或生成矢量图。常见的绘图软件有 Micrografx Designer 和 CorelDraw。

在矢量图中，可以分别处理图形的某一部分，如进行拉伸、缩小、修改等操作，并且整体图像不会失真，因此矢量图一般适用于文字设计、LOGO 设计、图形设计、工程制图、版式设计等。

常见的矢量图像文件扩展名有.wmf、.crd、.dxf、.ai 和.bw 等。

7. 音频的表示

音频用于表示声音和音乐。计算机中的音频是指用来表示声音强弱的数据序列，由模拟声音经抽样、量化和编码后得到。也就是说，数字音频的编码方式就是数字音频的格式，所使用的数字音频设备一般都对应着不同的音频文件格式。

常见的音频格式有 WAV、MP3、WMV、RM、AMR、MMF 等。

8. 视频的表示

视频是图像数据的一种，由若干有联系的图像数据连续播放而形成。人们一般讲的视频信号为电视信号，是模拟量，而计算机视频信号则是数字量。

视频是图像（帧）在时间上的表示。电影就是一系列的帧连续播放而形成的运动图像，所以如果知道如何将图像存储在计算机中，也就知道了如何存储视频。将每一幅图像或帧转化成一系列位模式并存储，这些图像组合起来就可表示视频。

3.1.2 多媒体技术

互动多媒体，神奇的魔术师。

2015 年 4 月 25 日，尼泊尔发生了里氏 8.1 级地震，处于加德满都等地的古建筑群遭到了严重损毁，12 座世界文化遗产建筑遭到不同程度的损坏，世界媒体的镜头第一次共同聚焦在这个世界上贫穷又幸福的旅行天堂。29 日，百度对外宣布发起"See You Again，加德满都"全景尼泊尔古迹复原行动，百度运用先进的多媒体技术对遭到损坏的尼泊尔古迹进行数字化三维还原，努力把这些古迹永远地保存在虚拟的数字空间里，让还没来得及亲眼看到的用户也可以一睹这些历史建筑曾经的辉煌。

多媒体是近几年流行的新名词，它是集计算机技术、声像技术、虚拟技术、通信技术等为一体的采用更为先进的数字记录和传输方式开展综合应用的一项新型信息技术。在这个科技爆炸的时代，多媒体信息技术被广泛应用于教育、金融、军事、医疗等诸多行业，给人们的生活和工作带来了一场变革。

1. 多媒体技术的概念

媒体，信息的载体，是传播信息的媒介，能为信息的传播提供平台。多媒体就是多重媒体的意思，可以理解为直接作用于人感官的文字、数据、图形、图像、动画、声音和视频等各种媒体的统称，即多种信息载体的表现形式和传递方式。多媒体技术，就是利用计算机将多种媒体信息进行采集、加工、集成、存储和传递，使各种媒体信息之间建立一定的逻辑关系，并以友好的形式交互地提供给用户使用。

多媒体技术将图像、声音、视频、通信集于一身，在高速信息网的帮助下实现了全球的信息资源共享，被工业、教育、军事、医疗等行业广泛应用，人们的生活也因此发生了巨大的改变。随着社会的进步、技术的创新，未来多媒体技术必将得到更大的发展。

与传统媒体相比，多媒体具有集成性、控制性、非线性、交互性、互动性、实时性、信息使用的方便性、信息结构的动态性等特点。其中，集成性和交互性是多媒体的精髓所在。

2. 多媒体技术涉及的内容

多媒体技术涵盖了计算机科学技术、微电子技术、声像技术、数字信号处理技术、通信和网络技术、人工智能等技术。现阶段，多媒体技术主要有以下几个方面。

PPT 3-6
多媒体技术

PPT

微课 3-6
多媒体技术

笔 记

（1）数据压缩技术

数字化的多媒体信息数据量较大，在数据存储、传输和通信的过程中，如果不能对这些数据进行有效的压缩，则需要很大的存储空间、传输宽带及很长的通信时间，这会使得数据信息难以发挥其作用。因此，数据压缩技术已经成为数字通信、存储及多媒体技术中十分关键的技术。

多媒体文件通常数据量较大，如果没有进行有效的压缩处理，会占用大量的计算机资源，导致反应速度慢，响应延迟。数据压缩技术是不影响有用信息的将数据、文本、语音、图像、三维动画等多媒体数据进行缩减处理以减少存储空间的技术。数据压缩技术往往会按照一定的算法对数据进行重新组织，从而减少数据量或存储空间，明显提高多媒体文件的传输、存储和处理效率，但在实际应用中可能会影响原始数据质量，因此在压缩多媒体数据时应谨慎。

目前，常见的压缩方法有无损压缩和有损压缩两种。

1）无损压缩

无损压缩主要利用数据的统计冗余进行压缩，压缩比一般比较低，适用于文本数据、程序和特殊应用场合的图像数据等。通常的无损压缩编码方法有香农一范诺编码、赫夫曼（Huffman）编码、算术编码、字典压缩编码等。

2）有损压缩

有损压缩主要是利用人类的视觉、听觉等感官对图像、声音中的某些频率成分不敏感的特性，在不影响有用信息的前提下，允许压缩过程中损失一定的信息。有损压缩不能完全恢复原始数据，所损失的部分对原始图像的影响较小，但压缩比较大，有利于多媒体文件比较大的情况，如有损压缩被广泛应用于语音、图像和视频数据的压缩。按照应用领域来分，有损压缩编码又分为图像压缩编码、视频压缩编码、音频压缩编码 3 种。

（2）多媒体数据库技术

多媒体数据信息除了具有数据量大的特性外，还具有不规则性、复合性、分散性、交互性和时序性等特点。

- 不规则性是指多媒体数据形式多样、类型各异（不仅可以是字符等数据，还可以是图像、声音甚至视频数据），没有一致的取值范围，没有相同的数据量级，也没有相似的属性集，是"无格式数据"。
- 复合性指多媒体数据是由各种形式的数据组合而成的。
- 分散性指多媒体数据可以分布在不同的机器、不同的设备、不同的网络区域上。
- 交互性指多媒体数据在应用时需要提供人机交互能力。
- 时序性指多媒体信息实体之间的联系和时序有关，在表现多媒体数据时，要保证它们之间的同步关系。

正是由于多媒体数据的这些特点，传统的数据库技术面对图像、声音、视频等无格式数据时，很难有效描述和检索，因而出现了多媒体数据库系统。

多媒体数据库系统是一种能够有效定义、存储、管理、检索多媒体信息的数据库系统，它建立在传统数据库技术的基础上，针对多媒体数据的特点和处理要求进行专门的数据模型定义和技术扩充，形成面向应用的多媒体数据库技术。

多媒体数据库是数据库技术与多媒体技术结合的产物，多媒体数据库需要实现以下

笔 记

功能：多媒体数据库对象的定义；多媒体数据的存取；多媒体数据库的版本控制；多媒体数据的组织、存储和管理；多媒体数据库的建立和维护；多媒体数据库在网络上的通信功能。多媒体数据库技术主要研究的内容有多媒体数据模型、查询处理、体系结构及用户接口技术等。

目前使用最多的多媒体数据库是面向对象的数据库，它能对复杂的对象进行描述，同时还能描述各种对象之间的内部结果和联系，能支持多个媒体对象和多种媒体数据类型，使数据的存储和管理更加方便。同时，面向对象的数据库也为用户提供了便捷的交互手段。

（3）虚拟现实技术

虚拟现实技术是多媒体技术中新出现的核心技术，是一项综合集成技术，主要涉及计算机图形学、传感技术、人工智能及人机交互技术等。它主要通过计算机形成一个逼真的场景，让用户通过相应的设备产生身临其境的感受，为人们的生活、工作带来全新的感官体验。

虚拟现实技术主要有以下特征。

● 多感知性。除了一般计算机具有的视觉感知外，还有听觉感知、触觉感知、运动感知，甚至包括味觉感知和嗅觉感知等，只是由于传感技术的限制，目前尚不能提供味觉感知和嗅觉感知。

● 临场感。指用户感受到存在于模拟环境中的真实程度。

● 交互性。指用户对模拟环境中物体的可操作程度和从环境中得到反馈的自然程度，其中也包括实时性。

● 自主性。指虚拟环境中依据物理规律动作的程度。

当前，虚拟现实技术发展得特别快，应用领域也非常广泛，尤其在娱乐、视听艺术、教育、医疗、军事、航天、科研考察等方面的应用发展迅猛。

（4）流媒体技术

在没有出现流媒体技术之前，必须完全下载文件后才能播放，由于多媒体文件往往较大，下载又受限于网络带宽，因此人们通常需要等待很长时间才能看到或听到媒体传达的信息。流媒体出现以后，人们无须等待下载完，可实时观看媒体信息，随意拖动，大大节省了时间。

流媒体是指采用流式传输技术在网络上连续实时播放的媒体格式，如音频、视频或多媒体文件。流媒体技术也称流式媒体技术，可将音频、视频等流媒体信息压缩处理后发布到服务器，再由服务器向用户顺序或实时地传送各个压缩包，不用等整个文件下载完，只要在用户终端创建一个缓冲区，预先缓冲数据，就可以实现一边下载一边观看或收听。

流媒体技术主要分为顺序流式传输和实时流式传输两种。

● 顺序流式传输。顺序流式传输可按照数据的顺序进行传输，用户能够在文件下载过程中进行观看，但是观看到的只能是已经缓冲好的部分，不能随意拖动到还未下载的部分。顺序流式传输主要应用于数据质量较高的音频或视频，它可以保证多媒体播放的质量。

● 实时流式传输。实时流式传输能够对音频、视频等信息进行实时观看，随意拖动，但这种传输方式适合网络比较好的情况。如果网络传输状况不理想，则收到的信号效果会比较差。

目前，流媒体技术已经广泛应用于网络直播、视频点播、网络远程教育、视频会议、

Internet 直播、网上新闻发布、网络广告等方面。

（5）数字音频技术

数字音频技术是通过仪器和特定的编码系统将采集到的声音转换为数字信号，然后进行存储、编辑、压缩和播放的技术。数字音频技术的核心和基础是各种高质量的数字音频编码压缩技术和标准。目前，MPEG 系列的音频标准较为主流，已从 MPEG-1、MPEG-2 到了 MPEG-4，得到了广泛的应用。如今，数字音频技术在人们的生活中应用广泛，如智能家居中的语音识别、语音导航、智能音响、音频广播、电视电影、多媒体通信等。数字音频技术还远没有到达其发展上限，仍有很大的发展空间。

数字音频技术主要包括 4 个方面：音频数字化、语音处理、语音合成及语音识别。其中，难度最大、最吸引人的技术是语音识别。

音频数字化是较为成熟的技术，主要包括取样、量化、编码 3 个步骤。

（6）超文本和超媒体技术

超文本和超媒体技术通过模拟人脑的记忆思维方式，把相关的信息块按照一定的逻辑顺序连接成一个非线性的网状结构，进而对这些文本信息进行管理。超文本和超媒体技术为人们提供了先进的多媒体信息的表示、组织和管理手段。

在超文本技术中，就是将结点和链组成一个信息网络，主要以网络结点为最基本的单位，然后通过链接的方式把这些结点组建成一个网状结构。超文本与多媒体的融合产生了超媒体。超文本的信息结点除了处理文字外，若再存储和处理图形、图像、音频、视频、动画和程序等多媒体信息，就构成了超媒体。

超媒体的应用范围非常广泛，如网络虚拟平台、触摸屏、未来企业宣传、会馆展示、地图导航、立体教材等，都运用了超媒体技术。它从用户体验的角度出发，实现用户和企业的互动，在视觉享受的同时感受"超媒体"互动体验的魅力。

3. 多媒体应用

多媒体技术的发展和广泛应用，让人们工作和生活的方方面面都多姿多彩，新技术所带来的新感觉、新体验是以往任何时候都无法想象的。随着多媒体技术的深入发展，其应用也越来越广泛，其典型的应用主要有以下几方面。

（1）教育培训

多媒体技术使得现在的课本不仅有文字、静态图像，还融入了动态图像、视频、语音等，使教育的表现形式多样化。利用多媒体技术编制的教学课件能创造出图文并茂、绘声绘色、生动逼真的教学环境和交互式学习方式，从而大大激发了学生的学习积极性和主动性，提高了教学质量。

多媒体技术与网络技术相结合，可以建立起具有虚拟课堂、虚拟实验室和虚拟图书馆等的远程教学系统。学生通过该系统可以在本地参加学校的课程、讨论、做实验和考试，进行交互式远程学习，还可得到导师面对面的指导。

在行业培训方面，如军事、体育、医学和驾驶等培训中，多媒体系统不仅提供了生动、逼真的场景，同时省去了大量的设备和原材料消耗费用，以及避免了不必要的身体伤害，还能够设置各种复杂环境以提高受训人员面对突发事件的应变能力。多媒体技术的应用使得教学内容直观生动，并能自由交互，还可以使人们对培训的印象深刻，培训效果成倍提高。

（2）医疗卫生

多媒体计算机技术在远程医疗中的应用，使得远在千里之外的医生为病人看病诊断成为可能。远程医疗系统可在医生和病人之间建立视听等数据连接，病人可以向医生咨询，医生则可以根据系统传送过来的病人的各种身体体征进行诊断，各路专家也可以通过系统进行会诊，从而大大提高诊病效率，节省时间和金钱。特别是偏远地区的病人，能够通过这个系统得到专家的诊断。

（3）文化娱乐

多媒体技术广泛应用于文化娱乐领域，如交互式电视、网络游戏等。

交互式电视将来会成为电视传播的主要方式。通过增加机顶盒和铺设高速光纤电缆，可以将现在的单向有线电视系统改造成双向交互电视系统。这样，用户可以使用点播、选择等方式随心所欲地找到自己想看的节目，还可以通过交互式电视实现家庭购物、多人游戏等多种娱乐活动。

游戏是多媒体的一个重要应用领域。运用了三维动画、虚拟现实等先进多媒体技术的游戏软件更加丰富多彩、变幻莫测，深受年轻人的喜爱，给日常生活带来了更多的乐趣。通过多媒体技术，用户可以驾车、旅游甚至飞行，体验完全不同的娱乐形式。

（4）传媒广告

多媒体技术的商业应用涵盖商品简报、查询服务、产品演示、电视广告及商贸交易等方方面面。各公司、企业、学校、部门甚至个人都可以建立自己的信息网站，进行自我展示并提供信息服务。使用多媒体技术编制的各种图文并茂的软件可开展各类信息咨询服务，例如，旅游、邮电、交通、商业、气象等公共信息都可存放在多媒体系统中，向公众提供多媒体咨询服务。用户可通过触摸屏进行操作，查询所需的多媒体信息资料。

（5）广播通信

多媒体技术在广播电视、通信领域的应用已经取得许多新进展。在通信方面的应用主要如下。

- 可视电话：不仅能听到通话者的语音，还能看到对方的实时图像。
- 视频会议：人们无须集中到一起，就可以达到和现场会议一样的效果。
- 信息点播：包括桌上多媒体通信系统和交互电视 ITV 等。
- 计算机协同工作：是指在计算机支持的环境中，群体协同工作以完成一项共同的任务。

（6）在电子出版物方面

多媒体电子出版物是一种电子图书，它具有存储容量大、媒体种类多、携带方便、检索迅速、可长期保存、价格低廉等优点。电子出版物不仅包括只读光盘这种有形载体，还包括计算机网络上传播的网络电子出版物等无形载体。电子出版物的制作过程包括信息材料的组织、记录、制作、复制、传播，最后是读者阅读和使用。

4. 多媒体技术的未来发展前景

目前，多媒体技术及应用正在向更深的层次发展，如基于内容的多媒体信息检索、保证服务质量的多媒体全光通信网、基于高速互联网的新一代分布式多媒体信息系统等。多媒体技术随着新的技术、新的应用、新的系统不断飞速发展，其应用领域也在不断发展和延伸。目前，多媒体技术和应用的研究有以下几个方向。

- 随着多媒体通信网络及其设备的研究，多媒体从单机、单点逐渐向分布、协同多媒体发展，多媒体的分布应用和对信息服务的研究也会越来越热门。
- 随着图像识别、语音识别、信息检索等技术的不断深入，多媒体信息管理将具备基于内容的处理和开发。
- 多媒体信息交换和大规模产业化势必需要研究各类多媒体标准，它将有利于多媒体的产品规范化，使应用更为方便。
- 多媒体技术与其他相邻技术相结合，使人机交互技术、仿真智能多媒体技术等新技术层出不穷，扩大了多媒体应用领域。
- 多媒体虚拟现实可与可视化技术相互补充，并与语音识别、图像识别、智能接口等技术相结合，建立高层次虚拟现实系统。

今后，多媒体技术将向着以下几个方面发展。

- 提高分辨率，从而提高多媒体信息的显示质量。
- 提高网络速度和优化数据压缩技术，缩短多媒体的处理时间。
- 简化多媒体开发和操作界面，便于人们操作。
- 让多媒体高维化，从三维慢慢向四维或更高维发展。
- 提高信息识别能力，让多媒体趋于智能化。
- 建立各种标准，便于多媒体信息的交换和资源共享。

3.2 数据存储技术

数据很重要，数据的存储和安全更为重要。

2014 年 4 月 20 日，韩国果川市一幢办公楼的中间层燃起了大火，大火是从三星这幢大楼的 SDS 数据中心开始燃出来的。那场大火导致三星设备（包括智能手机、平板电脑和智能电视）的用户无法访问他们一直获取并使用的数据。在果川市的第二个数据中心的恢复系统恢复服务之前，用户都无法访问内容，最后三星工作人员只好开博客致歉。

数字化在成为社会未来主流发展趋势的同时，也带动了数据信息存储技术的发展与变革。无论是之前处于绝对垄断地位的 3.5 英寸软盘，还是如今不断更新换代的信息存储技术，都诠释着人们对信息保存时间更为长久、保存方式更为安全、保存介质更为稳定、保存成本更为低廉的不懈追求。与此同时，人们也在不断探索数据信息存储的新方式。

数据存储方式主要有 3 种：文件、数据库和网络。我们主要介绍数据库存储技术和网络存储技术。

3.2.1 数据库存储技术

数据库存储技术主要研究如何存储、使用和管理数据，是计算机技术中发展最快、应用最广的技术之一。在信息技术高速发展的今天，数据库存储技术的应用已经深入到了各个领域。

笔 记

PPT 3-7
数据库存储技术

1. 数据库的定义

数据库（Database，DB）是存储在计算机内、有组织、可共享的数据和数据对象（如表、视图、存储过程和触发器等）的集合。这种集合按一定的数据模型（或结构）组织、描述并长期存储，同时能够以安全可靠的方法进行数据的检索和存储。

数据库有以下几个主要的特点。

（1）数据结构化

数据结构化是数据库区别于文件系统的根本特征。数据库系统中的数据与文件系统中的数据不同。在文件系统中，文件数据之间不存在联系，而且只能从属于特定的应用。而数据库中的数据是面向全组织的、复杂的数据结构，同时同一个数据库中的多个数据文件之间可以相互联系。

微课 3-7
数据库存储技术

（2）数据共享

数据共享是数据库技术的基本特征。数据库中的数据可以供多个用户或多个应用程序共享。数据共享大大减少了数据的冗余度和不一致性，大大提高了数据的利用率和工作效率。

（3）数据独立性

数据独立性主要包括数据的物理独立性和逻辑独立性。数据的物理独立性是指用户的应用程序与数据库的数据是相互独立的，不存储在同一个地方。数据的逻辑独立性是指用户的应用程序与数据库的逻辑结构是相互独立的，不会因一方的变化而发生改变，大大地降低了应用程序开发和数据库维护的工作量。

2. 数据库技术的发展历史

笔记

时至今日，数据库技术已经形成了比较完善的理论体系和实用技术，它研究和解决了计算机信息处理过程中有效地组织和存储大量数据的问题，在数据库系统中减少数据存储冗余、实现数据共享、保障数据安全及高效地检索数据和处理数据。

随着使用计算机进行数据管理的技术不断发展，数据库技术经历了人工管理、文件系统、数据库系统 3 个阶段。

（1）人工管理阶段（20 世纪 50 年代中期以前）

在人工管理阶段，计算机主要应用于科学计算，对数据保存的需求尚不迫切，数据的管理是靠人工进行的，计算机外部设备只有磁带机、卡片机和纸带穿孔机，没有直接存取数据的磁盘设备，也没有操作系统，只有汇编语言，数据处理采取批处理的方式，数据存在大量重复存储的现象。

人工管理数据的特点是数据不保存，没有专门的软件系统对数据进行管理，数据不共享，也不独立。

（2）文件系统阶段（20 世纪 50 年代后期到 60 年代中期）

在文件系统阶段，计算机不仅应用于科学计算，同时也开始用于信息处理，硬件方面有了很大改进，出现了磁盘、磁鼓等直接存储设备。软件方面出现了高级语言和操作系统，并且操作系统中出现了专门的数据管理软件。

这个阶段的特点是数据能以文件形式长期保存下来，由专门的文件系统管理数据，文件形式多样化，程序与数据间有一定的独立性。但是，文件系统的致命缺陷是数据文件之间缺乏有机的联系，数据与程序之间缺乏独立性，不能有效地共享相同的数据，从而造成数据的冗余度大及不一致，给数据的修改和维护带来了困难。

（3）数据库系统阶段（20 世纪 60 年代后期至今）

随着计算机技术的迅速发展和广泛应用，磁盘技术取得重要进展，数据管理中的数据量急剧增长，对数据共享和数据管理提出了更高的需求，文件系统已经不能满足应用的需求，导致了数据库技术的产生。

数据库技术是计算机科学技术中发展最快的领域之一，也是应用最广泛的技术之一，先后经历了 3 个演变。

1）第一代数据库系统——层次和网状数据库系统

层次数据库是数据库系统的先驱，而网状数据库则是数据库的概念、方法、技术的奠基。它们是数据库技术中研究得最早的两种数据库系统。层次模型对应于有根定向有序树，而网状模型对应的是有向图。所以，这两种数据模型可以统称为格式化数据模型。这两种数据库系统具有下列共同特点：支持三级模式的体系结构；用存取路径来表示数据之间的联系；具有独立的数据定义语言；具有导航的数据操纵语言。

2）第二代数据库系统——关系数据库系统

1970 年，IBM 公司 San Jose 研究室的研究员 E.F.Codd 首次提出了数据库系统的关系模型，经过大量的高层次的研究和开发取得了一系列的成果，主要包括奠定了关系模型的理论基础，研究了关系数据库语言，有关系代数、关系演算、SQL 语言及 QBE 等，同时研制了大量的 RDBMS 的原型，攻克了系统实现中的查询优化、并发控制、故障恢复等一系列关键技术。

关系数据库以关系模型为基础。关系模型由数据结构、关系操作及数据完整性 3 部分组成。其主要特点包括关系模型的概念单一；以关系代数为基础；数据独立性强，数据的物理存储和存取路径对用户隐蔽；关系数据库语言是非过程化的，大大降低了用户编程的难度。

3）新一代数据库技术——数据库大家族

从 20 世纪 80 年代以来，数据库技术在商业领域的巨大成功，刺激了其他领域对数据库技术需求的迅速增长。用户应用需求的提高、硬件技术的发展和网络提供的丰富的多媒体交流方式，促进了数据库技术与网络通信技术、人工智能技术、面向对象程序设计技术、并行计算技术等的相互渗透、互相结合，并成为当前数据库技术发展的主要特征，形成了数据库新技术。

新一代数据库系统以更丰富的数据模型和更强大的数据管理功能为特征，满足了更加广泛、复杂的新应用的要求。其基本特征：第三代数据库系统应支持数据管理、对象管理和知识管理；必须保持或继承第二代数据库系统的技术；必须对其他系统开放。

3. 数据库技术发展的现状

在当今的互联网中，最常见的数据库模型主要有两种，即关系型数据库和非关系型数据库。随着应用领域的不断扩展，关系数据库的限制和不足日益显现出来：不能有效地处理多维数据及互联网应用中半结构化和非结构化的海量数据，如 Web 页面、电子邮件、

笔 记

音频、视频等；当达到一定规模时，高并发读写性能低；所支持的容量也有限。而非关系型的数据库在特定的场景下可以发挥出难以想象的高效率和高性能，它作为对传统关系型数据库的一个有效的补充，得到了非常迅速的发展。

（1）结构化数据、非结构化数据和半结构化数据

为什么会有关系型数据库和非关系型数据库之分呢？主要是由于不同数据库所处理的数据类型有所不同。在实际应用中，我们会遇到各种各样的数据，主要如下。

1）结构化数据

结构化数据能够用数据或统一的结构加以表示，如数字、符号。结构化数据又称为行数据，它是用二维表结构来逻辑表达和实现的数据，严格遵循数据格式与长度规范。结构化数据主要通过关系型数据库进行存储和管理。

2）非结构化数据

非结构化数据主要包括所有格式的办公文档、文本、图片、XML、HTML、各类报表、图像和音频/视频信息等。非结构化数据不能用数据库的二维表来呈现，它的字段长度是可变的，并且每个字段的记录又可能由可重复的或不可重复的子字段构成。

非结构化数据库不仅可以处理结构化数据，更适合处理非结构化数据，它采用多值字段、子字段和变长字段机制进行数据项的创建和管理，广泛应用于全文检索和各种多媒体信息处理领域。

3）半结构化数据

半结构化数据介于完全结构化数据（如关系型数据库中的数据、面向对象数据库中的数据）和完全非结构的数据（如声音、图像文件等）之间，一般是自描述的，数据的结构和内容混在一起，没有明显的区分。例如，XML、HTML 文档就是半结构化数据。

（2）主流的关系型数据库和非关系型数据库

目前，主要的数据库有关系型数据库（RDBMS）和非关系型数据库（NoSQL）。在这些数据库中，处理的数据有的是结构化数据，有的是非结构化数据和半结构化数据。

关系型数据库已经拥有非常庞大的客户群，其产品也以各自独特的功能在数据库市场上占有重要地位。现在比较常见的数据库有 Oracle、MySQL、Sybase、Access、DB2 等，这些数据库都为 Java、C++、Python、PHP 等常见编程语言提供了 API，供它们连接和访问。

大多数人认为非关系型数据库与关系型数据库完全对立，其实不然。非关系型数据库基于数据存储模型，可分为列存储数据库、键值（Key-Value）存储数据库、文档型数据库、对象型数据库、图形结构数据库，不同类型的数据库都有很多自己的相关产品。

- 在列存储数据库系统中，列簇形式存储，将业务逻辑相关的数据放在同一列存储，相同列的数据存储在一起。列存储数据库支持列的动态扩展，更适合海量数据的处理，主要产品有 HBase、Casssndra、Rias，常用于 Hadoop 分布式文件系统中。

- 键值（Key-Value）存储数据库不关心具体的数据内容，直接把"键"映射到"值"上，值是非结构化的数据存储模式。常见的键值存储数据库有 Redis、Tokyo Cabinet/Tyrant、Oracle BDB、Voldemort。

- 文档型数据库与键值（Key-Value）数据库类似，但是值是结构化存储的模式。文档型数据库中的文档有的是 JSON 格式，有的类似 JSON 格式。常见的文档

型数据库有 MongoDB、CouchDB。

- 对象型数据库与文档型数据库相似，但数据以对象的形式进行存储，这些对象只能由其所属的类中定义的方法来操作。常见的对象型数据库有 db4o、Versant。
- 图形结构数据库使用图形模型作为数据存储结构，能扩展到不同服务器上，常用于社交网络、推荐系统等。常见的图形结构数据库有 Neo4J、InfoGrid、Infinite Graph。

常用的关系型数据库和非关系型数据库见表 3-3。

表 3-3　常用的关系型数据库和非关系型数据库

类型	名称	特点	应用场景
关系型数据库	Oracle	● 支持多用户、大事务量的高性能事务处理 ● 控制数据安全性和完整性 ● 支持分布式数据库和分布处理 ● 基于客户端/服务器技术	大部分企事业单位都用 Oracle，在电信行业占用最大的份额
	MySQL	开源，体积小，速度快	应用于中小型 Web 网站
	Sybase	● 基于客户机/服务器体系结构 ● 是一种高性能、可编程数据库	电信行业使用较多
	DB2	并发性好，适合海量数据的存储和处理，跨平台，能在所有主流平台上运行，同时可伸缩性好，可支持从大型机到单用户环境，应用于 OS/2、Windows 等平台	应用于数据仓库和在线事物处理领域，适用于大型应用系统，在企业级的应用最为广泛。在全球 500 家大型企业中，85% 以上使用 DB2 的数据库服务器
非关系型数据库	HBase	● 属于列存储数据库 ● 是 Google 的 BigTable 的开源实现，建立在 HDFS 上，是能提供高可靠性、高性能、列存储、可伸缩、实时读写的数据库系统	通常用来分布式存储海量数据；适用于偏好 BigTable 的需要对大数据进行随机、实时访问的场合
	MongoDB	● 属于文档型数据库 ● 可存储比较复杂的数据类型 ● 高性能，易部署，易使用 ● 支持动态查询 ● 支持完全索引，包含内部对象 ● 使用高效的二进制数据存储，包括大型对象（如视频等）	广泛应用于各种大型门户网站和专业网站，大大降低了企业运营成本
	Redis	● 属于键值存储数据库 ● 性能高，扩展性强 ● 易部署，高并发	适用于数据变化快且数据库大小可遇见（适合内存容量）的应用程序

4. 数据库技术发展的趋势

经过几十年的发展，数据库技术已经得到了很好的完善，尤其是关系型数据库管理系统。目前，随着新技术的不断涌现，数据库技术不断向新的应用领域渗透，数据库技术在以下几个方面得到了更好的发展。

（1）面向对象数据库（OODBMS）

数据库领域中引入了面向对象的方法，数据库技术和面向对象技术相结合，就形成了面向对象的数据库管理系统。面向对象的数据库本质上也是数据库系统，因此也具备数据库系统的处理能力，同时它又是一个面向对象的系统，包含了对象的概念、方法和技术。与传统的数据库相比，面向对象的数据库在复杂系统的模拟、表达和处理能力等方面具有明显的优势，不足之处是面向对象数据库的理论和技术还不成熟、不够完善。但随着数据库技术和面向对象技术的不断发展和完善，面向对象的数据库必将得到广泛应用。

（2）网络技术与数据库技术的融合

数据库技术和网络技术相结合产生了分布式数据库系统。分布式数据库利用高速网络将分散的多个数据存储单元连接起来，组成逻辑上统一的数据库。分布式数据库有局部数据库和全局数据库的概念。分布式数据库具有以下优点：能对数据进行全局管理，也能让各结点自主管理本结点的数据；其中的数据都是相互独立的，且分布透明；极大地增加了数据的容量；数据的可靠性和可用度高；改善了系统的性能和并行处理能力。分布式数据库也存在一定的问题：花在通信上的系统开销较大；存取结构比较复杂；数据安全性和保密性处理都相对较难。但随着相关技术的发展，分布式数据库的问题会逐步得到解决。

（3）多媒体技术进入数据库领域

随着多媒体技术的发展，无论是计算机中还是网络上，都有各种多媒体信息，如声音、图像、视频、超文本信息等。当多媒体信息太多时，就需要使用多媒体数据库来组织和管理它们。多媒体数据库是计算机技术、影像技术和通信技术相结合的产物。多媒体数据类型复杂、信息量庞大，信息具有实时性、分布性和交互性等特点。

（4）人工智能与数据库技术的结合

人工智能主要研究如何运用计算机模拟人的思维和活动，逻辑推理和判断是人工智能最主要的特征，但信息检索的效率较低。数据库技术主要用来处理数据，适合进行数据的存储、管理、检索等操作，但不具备逻辑推理能力。人工智能对逻辑推理的要求较高，但它不会注意空间和时间的限制，因此人工智能中的语言和专家系统的效率较低。而数据库关注实际存放的数据，同时也会考虑时间和空间效率，但不关心通过推理得出的数据。人工智能和数据库技术相结合产生了智能数据库系统，它发挥了两种技术各自的优点，是一种新型的数据库系统。

（5）对象—关系数据库有机结合

当前的数据库大部分都是关系数据库，关系语言与其他常规程序语言一起，可完成任意的数据库操作。关系数据库建模简单，但数据类型有限，数据结构是有限制的。面向对象的方法起源于程序设计语言，它用现实世界的实体对象为基本元素来描述复杂的客观世界，建模能力强且易理解，但面向对象方法提供的功能不如数据库灵活。将面向对象的建模能力和关系数据库的功能有机结合，将会是数据库技术今后发展的方向。

（6）数据仓库（DW）与数据挖掘（DM）

数据仓库技术发展自数据库技术，它是面向主题的、稳定的、综合的、随时间变化的数据集合。创建数据仓库的目的是对急需数据的执行官、经理或分析家提供各种各样的大量数据源数据，使得他们易于访问数据，同时帮助他们做出符合发展规律的决策。随着大数据的发展，电子商务竞争越来越激烈，数据仓库、数据发掘技术的应用也越来越普遍，产品也会更加成熟。

（7）实时数据库（RTDB）技术

实时数据库管理系统（RTDBMS）也发展自数据库系统，它适用于处理不断更新、快速变化的数据，也用来对有时间限制的事务进行处理。实时数据库技术是数据库技术和实时系统相结合的产物，利用数据库技术解决实时系统中的数据管理问题，利用实时系统为实时数据库提供时间驱动调度和资源分配算法。未来的实时数据库一定会大力发展，并推动数据库技术在现代信息社会中更广泛的应用。

（8）Web 数据库

Web 数据库基于 Web 应用系统，它将数据库和 Web 技术相结合，用户可以通过浏览器访问数据库，并提供动态的信息服务。人们利用扩展技术和相关的软件将数据库和 Web 结合起来，在 Web 上提供用户访问和修改数据库的接口，用户就能通过浏览器在任何地方访问数据库了。

当今社会，数据库技术应用广泛，需求量大，这势必对数据库技术起到极大的推动作用。另外，数据库技术与新出现的各种技术相互结合、渗透，会让数据库技术不断推陈出新，应用领域也更为广泛。

3.2.2 网络存储技术

如今互联网的规模不断增长，互联网信息容量大，数据交互的速率高，互联网的数据存储既要满足大容量的存储需求，又要满足快速、高效的读取和存储速率要求，因此对计算机网络存储技术的要求较高。

计算机网络是连接计算机等设备的数据网络，它提供了网络各结点之间数据交互的通道，具有数据交互及路由传输功能，同时具有数据信息的缓存功能。根据不同的存储需求与特点，网络存储主要分为直接连接存储、网络接入存储、存储区域网及云存储等几种存储技术。

1. 直接连接存储技术

直接连接存储（Direct-Attached Storage，DAS）技术是较早的网络存储技术，它是通过数据通道将存储介质和服务器直接相连从而实现数据存储的技术。DAS 将外部的数据存储设备直接挂在服务器内部的总线上，数据存储设备被看作服务器结构的一部分。在直接连接存储模式中，存储设备不具备操作系统的功能，只能进行数据存储，因此 DAS 技术不能对数据进行管理等操作。

DAS 的购置成本低，配置简单，使用 DAS 进行网络存储与使用本地硬盘差别不大。该种网络存储连接方式仅仅要求服务器具有一个 SCSI 外接接口，这种存储方式对于小型企业较有吸引力。但是，随着目前网络规模的不断增大，数据存储量越来越大，专用的数据接口给服务器带来的负担较重，服务器的配置制约了存储的性能。同时当服务器发生故障时，存储在网络中的数据就不能访问，因此这种存储方式不够灵活，难以适应复杂的网络结构，一般适用于小型的网络应用。

笔 记

PPT 3-8
网络存储技术

微课 3-8
网络存储技术

2. 网络接入存储技术

网络接入存储（Network-Attached Storage，NAS）又称为附加存储，该种存储技术改进了 DAS 方式，将存储设备通过标准的网络拓扑结构（如以太网）连接到 TCP/IP 网络上，网络服务器通过 TCP/IP 网络实现数据的存储和管理功能。NAS 方式的安装和部署容易，使用和管理也比较方便，它不用直接将服务器与企业网络进行连接，也不依赖于通用的操作系统，因此存储的容量能进行扩展，同时对原来的网络服务器性能也不会有任何的影响，可确保用户的网络性能不受影响。

NAS 是文件级的存储方法，大量应用在文档共享、图片共享、电影共享等方面，而且随着云计算的发展，NAS 支持即插即用，支持多平台。一些 NAS 厂商也推出了云存储功能，大大方便了企业和个人用户的使用。但使用 NAS 技术时，存储数据通过普通数据网络传输，因此受限于网络带宽，而且容易产生数据泄露等安全问题。

3. 存储区域网技术

存储区域网（Storage Area Network，SAN）技术主要通过光纤通道交换机将存储阵列和服务器主机连接起来，成为一个专用的存储网络。SAN 本质上是一种专门为存储建立的专用网络，它独立于 TCP/IP 网络之外。

目前，主流的 SAN 方式提供了 2～4GB/S 的传输速率，同时 SAN 网络独立于数据网络，存取的速度较快。SAN 一般采用高端的 RAID 阵列，因此 SAN 的性能在几种专业的网络存储技术中比较突出。但是 SAN 实际上是一个专用网络，扩展性较强，能很便捷地在一个 SAN 系统中增加一定的存储空间，或者增加几台使用存储空间的服务器。同时，SAN 存储可以通过 SAN 接口的磁带机方便、高效地实现数据的集中备份。经过十多年的发展，现在的 SAN 技术已经比较成熟，但它的价格昂贵，需要单独建立光纤网络，异地扩展也比较困难。

分析比较 3 种常见的网络存储技术，DAS 虽然出现的时间较早，但是还是非常适用于那些数据量不大，对磁盘访问速度要求较高的中小企业；NAS 多适用于文件服务器，用来存储非结构化数据，虽然受限于以太网的速度，但是部署灵活，成本低；SAN 则适用于大型应用或数据库系统，缺点是成本高、较复杂。3 种网络存储技术的结构如图 3-7 所示。

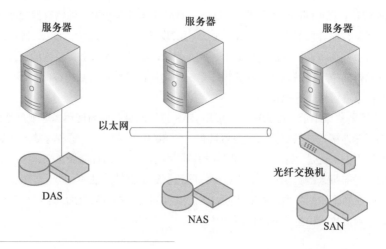

图 3-7
DAS、NAS 和 SAN 网络
存储技术结构

4. 云存储技术

2006 年，"云"的概念及理论首次被提出并得到人们的关注。随后，亚马逊、微软、IBM 等公司纷纷宣布了它们的"云计划"，渐渐地，云存储、云计算、云安全等相关的云概念也相继产生。"云"难以看见、难以摸到，但它能比较形象地比喻神秘的互联网上的云技术带来的产品和服务。

云计算技术的发展，以及网络传输速率的大幅提升，为云存储的普及和发展提供了较好的技术支持，云存储技术也应运而生。2004 年，互联网进入 Web 2.0 时代后，人们更注重有效数据的分析和信息的交互，同时随着对存储容量的需求越来越大，对存取的便捷性要求也越来越高，迫切需要一种适合按需所用、灵活便利的网络存储技术。2006 年 3 月，亚马逊公司推出了亚马逊简易储存服务（S3）云存储产品，正式开启了云存储的序幕，云存储产品正式面世，为用户提供了云存储服务。

总之，云存储是云计算的衍生和发展，是一种新兴的网络存储技术。它指通过集群应用、网络技术或分布式文件系统等功能，将网络中大量的、不同类型的、廉价的存储设备通过软件集合起来以进行协同工作，共同对外提供数据存储和业务访问功能的一个云存储服务系统。

通俗地讲，云存储就是一个"云"上的具有巨大容量的存储池，通过互联网技术，用户可以实现随存随取的网络存储。使用云存储技术，人们在任何时间、任何地方，只要有互联网，就可以连接到"云"上进行方便的存取数据。

云存储基本架构如图 3-8 所示。

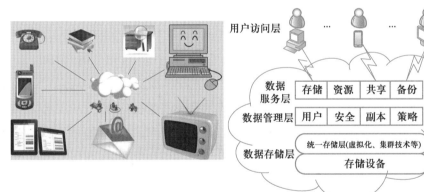

图 3-8
云存储基本架构

5. 网络存储新技术的趋势

针对当前计算机网络存储技术存在的问题及网络的下一步发展需求，虚拟化存储技术、无线存储技术及动态存储技术等新型存储技术的研究和实现将会是未来发展的重点。

（1）虚拟化存储技术

随着虚拟技术的不断发展，虚拟存储利用虚拟技术把内存和外存有机结合起来，得到一个虚拟的、容量很大的存储空间。虚拟化存储就是将所有的资源运行在各种不同的平台上，按照一定的逻辑方式进行管理，实现自动化分配，进而对需要的资源进行调用和交互。虚拟化技术可以让用户不用关心数据的存储位置，从而实现了对异构存储系统的统一

笔 记

管理，大大提高了存储系统的使用率与使用效率。

虚拟化存储技术可使用户无须关心网络设备、数据存储的介质或设备的不同。即使在不同的存储系统中，针对不同的存储介质、存储设备，虚拟化存储技术都能统一转换为简单的数据存储访问方式，大大简化了数据存储流程。同时借助于虚拟存储的数据分配策略和存储空间划分等技术，提高了网络中数据存储的效率。

（2）无线存储技术

随着智能手机、平板电脑等智能终端的普及，人们希望能摆脱约束，通过无线随时随地访问互联网资源。基于无线网络的数据存储技术的研究也成为一个热点。无线存储技术能满足目前用户便携化的使用需求，能促进智能终端设备的进一步发展。

在无线网络中，大部分智能终端设备的数据处理能力有限，对数据的存储需求有明显的时效性，因此无线存储技术不能给智能终端设备带来太多的负担，还要保证能及时高效的唤醒终端设备，一旦智能终端设备发出数据流，就需要立即唤醒相应的存储进程，实现数据的有序存储。

（3）动态存储技术

计算机网络是动态变化的，不仅网络中的数据流在不断地变化着，网络的结构、规模等也每时每刻都在发生变化。因此在动态的网络系统中，通过引入网络监控功能，实现对网络的实时监控，同时根据网络的实时状态，实现对数据存储的动态决策，及时动态调整和优化数据存储过程，使得数据存储策略紧跟网络状态变化，达到最优状态，有效保证数据存储的高效性和可靠性。

3.3 软件工程管理

当今世界，软件无处不在，软件定义世界。

IBM 公司总经理曾经说过："我们现在正处在一个'软件无处不在'的时代，软件被用于创建更高能效的世界，驾驭信息爆炸，与数亿万计的设备实现通信；同时软件还不断促进产品差异化，为全球市场提供服务。如今，全球经济体的创新越来越依赖于软件的创新——无论是在系统工程领域，还是在其他科学研究领域，全球的创新在很大程度上是以软件的开发、变更和监控为基础的。"

无处不在的软件应用正在重新定义并深刻改变着整个世界，软件在人类生活中扮演着越来越重要的角色，人们每天的生活、工作都离不开这样那样的软件，软件已经成为一个极其重要的产业形态。

软件是一种特殊的产品，随着其规模和复杂度的提高，以及使用范围的扩大，需要从技术和管理两方面对软件的开发过程进行控制。软件工程就是专门研究如何用工程化的方法构建和维护有效、实用、高质量软件的学科。

3.3.1 软件工程概述

PPT 3-9
软件工程

PPT

1996 年 6 月，耗资 70 亿美元的 ARIANE5 火箭在发射 37 s 后爆炸。发射失败的原因在于软件的错误，程序试图将 64 位浮点数转换为 16 位整数时产生溢出，缺少对数据溢出的管理，同时也缺少对软件备份的处理。

软件开发和维护会遇到一系列严重问题。软件工程是基于软件危机提出的，是采用工程的概念、原理、技术和方法来开发和维护软件的，把经过时间考验而证明的正确的观念技术和当前能够得到的最好的技术方法结合起来，以经济地开发出高质量的软件并有效维护。

微课 3-9
软件工程

1. 软件的定义、特点及分类

（1）软件的定义

软件是计算机系统中与硬件相互依存的部分，它包括程序、数据及其相关文档，即软件=程序+数据+相关文档。

其中，程序是按事先设计的功能和性能要求执行的指令序列；数据是使程序能正常操纵信息的数据结构；文档是与程序开发、维护和使用有关的图文材料。

（2）软件的特点

软件是看不到、摸不到的，硬件是实实在在存在的。在开发、生产、维护和使用等方面，软件和硬件也不同，软件具有以下几个特点。

- 软件是抽象的，是逻辑实体，不是物理实体。人们无法看到软件的物理存在，必须通过使用、分析和思考才能了解其功能、特点等。
- 软件的生产与硬件的生产不同，软件需要经历分析、设计、编码等开发过程，不像硬件产品或设备那样能在生产流水线上进行制作。
- 软件的开发、运行受计算机系统的限制，尤其是软件移植，依赖于计算机系统。
- 软件比较复杂，开发成本高。软件的开发需要投入大量的脑力劳动，成本高，风险大。
- 软件开发涉及很多社会因素。很多软件的开发和运行往往涉及用户的机构设置、工作流程及管理方式等，甚至还与人们的观念和心理、软件知识产权及法律等问题有关。

（3）软件分类

目前，我们使用的软件越来越复杂，数量也越来越多。按功能分，可以将软件分为应用软件、系统软件、支撑软件（或工具软件）3 种。

- 应用软件是为了解决某个特定领域的应用而开发的软件。常见的应用软件有 Office 办公软件、信息管理软件、多媒体软件、实时处理软件、嵌入式软件等，能满足人们日常的工作、娱乐需求。
- 系统软件是用来管理、监控和维护计算机资源，提高计算机使用效率，并为用户提供各种服务的软件。系统软件与计算机的硬件频繁交互，需要调度和共享计算机资源，也可能会涉及进程管理并发操作。系统软件包括操作系统、数据库管理系统、编译器、汇编程序、网络软件等。
- 支撑软件介于系统软件和应用软件之间，主要指的是一些工具性软件，用来协助和支撑用户开发其他软件。支撑软件包括两类：一类是辅助和支持开发及维护应用软件的工具软件，如需求分析工具软件、设计工具软件、编码工具软件、测试工具软件、维护工具软件等；另一类是辅助管理人员控制开发进程和项目管理的工具软件，如计划进度管理工具软件、过程控制工具软件、质量管理及配置管理工具软件等。

笔 记

2. 软件危机

软件工程的提出源于软件危机,那么什么是软件危机呢?

(1)软件危机的定义及表现

所谓软件危机,是指落后的软件生产方式无法满足迅速增长的计算机软件需求,从而导致软件开发与维护过程中出现一系列严重问题的现象。

随着软件的规模越来越大,复杂程度也不断地增加,软件开发的成本逐年上升,质量不能得到可靠的保证,甚至软件可能会成为计算机科学发展的"瓶颈"。在软件开发和维护过程中,软件危机一直存在,并且容易被忽视。软件危机主要表现在以下几个方面。

- 软件需求的增长得不到满足,用户经常会对交付的软件系统不满意。
- 软件开发的成本和进度难以控制,开发的成本往往会超出预算,时间经常滞后,经常出现超过规定交付日期的情况。
- 软件产品的质量无法保证。
- 所交付的软件无法维护或维护成本高。
- 软件的成本不断增加。
- 软件开发效率低,不能满足硬件的发展和应用需求的增长。

总之,软件危机主要是软件的成本、质量、生产率等问题。实际上,几乎所有的软件都不同程度地存在着问题,严重阻碍了软件生产的规模化、商品化及生产效率。

(2)软件危机的原因

软件危机产生的原因是什么呢?在软件开发和维护的过程中,存在的问题与软件自身的特点有关,也与软件开发和维护方法不正确有关。其中,软件开发与维护方法不正确是主要原因。例如,在软件运行前,软件开发进展难以衡量,软件的质量难以评价,因此软件开发过程的管理和控制就非常困难。另外,大部分的软件规模庞大,复杂度高,尤其是那些大型的软件,既要保证高质量又要保证在规定的周期内交付,往往比较困难,不仅会涉及技术问题(如需求分析方法、软件设计方法、版本控制等),更重要的是缺少严格、科学的管理。软件危机产生的原因有以下几点。

- 软件的规模越来越大,结构越来越复杂。
- 软件的开发及管理困难而复杂。
- 软件开发费用不断增加。
- 软件开发技术落后。
- 生产方式落后。
- 开发工具落后,生产率提高缓慢。

(3)消除软件危机

人们应该对软件有一个正确的认识,彻底消除"软件就是程序""软件就是编程"的错误观念。人们可以借鉴各种工程项目所积累的行之有效的原理、概念、技术和方法,研究及探索在软件开发和维护过程中的成功经验,并开发及使用更好的软件工具进行软件的开发、管理和维护。在此基础上诞生了软件工程。

3．软件工程

为了消除软件危机，人们认真研究解决软件危机的方法，认识到软件工程是使计算机软件走向工程科学的途径，从而逐步形成了软件工程的概念，开辟了工程学的新兴领域——软件工程。

简单来说，软件工程就是应用工程化的概念、原理、技术和方法，研究软件开发与维护的方法、工具和管理。软件工程的目的是经济地开发出高质量的软件，并有效地维护它。

软件工程的核心思想是将软件产品当作一个工程产品来对待处理。在软件生产过程中，引入工程化的概念，如需求计划、可行性研究、工程审核、质量监督等，最终达到工程项目的 3 个基本要素的目标。工程项目的 3 个基本要素：进度、经费和质量。当然，软件工程与其他工业产品的生产有所不同，针对软件工程的特点，提出了结构化的方法、面向对象方法，以及软件开发模型及软件开发过程等适合软件工程热点的技术方法等。

（1）软件工程三要素

通俗地说，软件工程就是使过程"可视化""定量化"，把看不见的思维活动变成看得见的"文档"或者其他看得见的东西。

软件工程的 3 个要素如下。

- 过程：定义了开发高质量软件所要完成的各个阶段及不同阶段所要完成的各项任务。
- 方法：为软件开发提供"如何做"的技术，包括软件生命周期方法学和面向对象方法学。
- 工具：为软件工程方法提供自动或半自动的软件支撑环境。

（2）软件工程研究的主要内容

目前，软件工程研究的内容主要包括以下两个方面。

- 软件开发技术，包括软件工程方法学、软件工程开发过程、软件工具和软件工程环境等。
- 软件工程管理，包括软件管理学、软件经济学及软件心理学。

（3）软件工程的原则

采用软件工程学来指导软件开发必须遵循以下原则。

- 选取适宜的软件开发模型。
- 采用合适的设计方法。
- 提供高质量的工程支撑。
- 重视软件工程的管理。

4．软件的生命周期

一个软件如同一个人，也有生命周期，需要经历孕育、诞生、成长、成熟、死亡等阶段，是为达到一定目标而必须实施的一系列相关过程的集合，是软件从产生直到报废的过程。

PPT 3-10
软件的生命周期

大多数情况下，在软件工程中，都会采用生存周期方法，从时间上对软件开发和维护的复杂问题进行分解，按部就班、逐步推进，把软件生存的漫长周期依次划分为若干阶段，每个阶段又分解成几个具体的任务，然后依次完成各阶段的任务并编写一套标准的文档作为各个阶段的开发成果，最后开发出高质量的软件。

根据中华人民共和国国家标准 GB/T 5867—2006《计算机软件文档编制规范》规定，软件生存周期可以分为 6 个阶段：可行性研究与计划阶段、需求分析阶段、设计阶段、实现阶段、测试阶段、运行和维护阶段。

微课 3-10
软件的生命周期

（1）可行性研究与计划阶段

该阶段是软件开发的第一步，主要确定软件的开发目标和总体要求，进行可行性分析、投资—效益分析，制订开发计划。需要递交的是可行性分析报告（一般很少需要）和立项文档。

（2）需求分析阶段

在需求分析阶段，需要准确地解决"软件必须实现什么"的问题，对被设计的软件进行系统分析，确定软件的功能需求、性能需求及运行需求，分析软件的数据需求，规范化数据并画出实体关系图，进行事务分析并建立数据模型，一般采用数据流图、数据字典和主要处理算法来表示软件系统的逻辑模型，修订软件开发计划，快速产生软件原型。

需求分析阶段是软件生命周期中的一个重要阶段。软件的功能和性能、软件需求的运行环境都会在该阶段确定下来。本阶段分析的重点是数据流，需求分析结果的正确性决定软件开发能否成功。该阶段需要递交软件需求说明书和软件开发计划等文档。

（3）设计阶段

笔 记

软件设计阶段要解决"怎样做"的问题，可分成概要设计和详细设计两个步骤。概要设计的主要任务是根据软件的需求说明，建立所要开发软件系统的总体结构及各模块之间的关系，定义各功能模块的接口、控制接口，设计全局数据库/数据结构，规定设计限制，制订测试计划；详细设计的主要任务是对概要设计中产生的功能模块进行过程描述，设计功能模块的内部细节，包括使用的主要算法和采用哪种数据结构，为编写源代码提供必要的说明。

总之，软件设计阶段就是把软件需求转化为软件的具体设计方案的过程。在该阶段，首先要根据软件需求，采用结构化设计技术，导出软件模块总体结构；其次使用表格、流程图或文字等给出软件各个模块的具体过程描述。软件设计的结果是编程实现的直接依据。该阶段需要递交的文档主要有概要设计说明书、详细设计说明书、数据库设计说明书、测试计划。

（4）实现阶段

软件实现阶段即软件编程或软件编码阶段，是为软件设计阶段得出的每个模块编写程序。该阶段是将详细设计说明转化为所要求的程序设计语言或数据库语言书写的源程序，并对编制出的源程序进行程序单元测试，验证程序模块接口与详细设计说明的一致性。编程是在软件设计之后进行的，程序质量主要由设计质量决定，但编程选用的语言、编程风格和规范对程序质量同样有较大影响。

（5）测试阶段

软件测试阶段需要发现并改正软件错误，对程序进行全面的测试，检查审定已编制的文档。大型软件系统的测试一般分为模块测试、子系统测试、系统测试、验收测试等。软件测试是为了保证软件质量,因此测试阶段的任务相当艰巨,但容易被人忽视,导致难以弥补的损失。软件的测试计划、测试方案和测试结果直接影响软件质量和可维护性,因此要仔细记录和保存。该阶段产生的文档主要有软件测试计划、测试用例、软件测试报告。

（6）运行和维护阶段

软件的运行和维护阶段是软件生命周期的最后一个阶段,即在软件交付使用之后,为了改正错误或满足新的需要而修改软件的过程,主要有改正性维护、适应性维护、完善性维护和预防性维护。总之,软件使用和维护的过程,也就是软件功能不断扩充和更趋完善的过程。该阶段提交的文档有项目开发总结报告、用户手册、应用软件清单、源代码清单、维护文档。

采用生命周期法对软件开发和维护具有指导性的意义,能有效且高质量地开发软件,但随着新的面向对象的设计方法和技术的成熟,生命周期法的指导意义正逐渐降低。不过,从另一种意义上来说,面向对象本身也是一种软件生命周期,传统的软件生命周期的概念仍在指导着软件开发人员对软件开发过的管理和控制。

5. 软件开发过程模型

软件开发过程模型是软件开发全过程、软件开发活动及它们之间关系的结构框架。它是对项目开发过程的概念建模,从而能够在理论上对软件项目开发过程进行量化分析。软件开发活动的多样性决定了软件开发过程模型的多样性,开发技术和工具的发展也在推动着软件开发模型的发展。

PPT 3-11
软件开发模型（1）

选取一个合适的软件开发模型,对于软件开发的质量和效率有着重要的意义。常见的软件开发过程模型介绍如下。

1）瀑布模型（Waterfall Model）

1970 年,温斯顿·罗伊斯（Winston Royce）提出了著名的"瀑布模型",它被人们认为是软件开发的基本框架,是一直被广泛采用的软件开发模型。

瀑布模型的核心思想是按照工序将软件开发过程中出现的问题简化,把功能实现和设计分开,便于开发团队之间分工协作。瀑布模型将软件生命周期划分为制订计划、需求分析、软件设计、程序编写、软件测试和运行维护 6 个基本活动,同时还规定了各基本活动之间自上而下、相互衔接的固定次序,如同瀑布流水,逐级下落,如图 3-9 所示。

微课 3-11
软件开发模型（1）

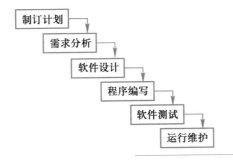

图 3-9
瀑布模型

在瀑布模型中,软件开发过程中的各项活动都严格按照线性方式进行,当前活动接收上一项活动的工作结果,实施完成所需的工作内容。当前活动的工作结果需要进行评审,如果评审验收通过,则该结果作为下一项活动的输入,继续进行下一项活动,否则返回修改。

在瀑布模型中非常强调文档的作用，并且要求每个阶段都要进行评审验证，因此这种模型的线性过程过于理想化，不怎么适合现代的软件开发模式。

2）快速原型模型（Rapid Prototype Model）

快速原型模型又称原型模型，其实是增量模型的另一种形式。快速原型模型的第一步工作是快速建造一个原型，利用该原型实现用户与系统的交互，然后用户对该原型进行评价，提出进一步细化待开发软件的需求。如此反复，通过逐步调整原型逐渐满足客户的要求，开发人员也可以确定客户的真正需求。快速原型的下一个原型都是建立在上一个经过开发人员和用户共同评价认可后的原型基础上的，直至开发出客户满意的软件产品为止，如图3-10所示。

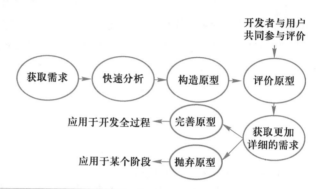

图 3-10
快速原型模型

在快速原型模型中，最关键的是尽可能快速地建造出软件原型。当确定了客户的真正需求之后，所建造的原型将会被丢弃或重新修改。因此，快速原型中所构造的原型内部结构并不重要，重要的是如何迅速建立原型，然后根据评价结果反映客户的需求，从而达到迅速修改原型的目的。

3）增量模型（Incremental Model）

增量模型又称为演化模型或渐增模型，它将瀑布模型的分析、设计、编码和测试这4个过程进行反复利用，同时融合了原型模型中不断迭代的特点。在增量模型中，采用了按时间进行开展的线性序列，每个线性序列最后都会产生软件的一个可发布的"增量"。软件由一系列的增量构件分别进行设计、实现、集成和测试，每个构件都是由多个具有相互关系的模块功能代码构成的。

在增量模型中，每一个增量都必须发布一个可操作的产品，第 1 个增量常常是核心的产品，实现了系统的基本需求，客户使用和评估该产品后会纳入更多需求，从而产生下一个增量，以此类推直到整个系统的完成，如图3-11所示。

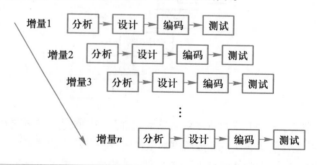

图 3-11
增量模型

增量模型的每个阶段并不交付一个可运行的完整产品，只是交付满足部分客户需求的一个可运行产品。整个软件系统会被分解成若干个构件，开发人员进行逐个构件的分析、设计、编码和测试，完成后再逐个将构件产品交付给客户，因此该种开发模型能较好地适应各种变化，客户也可以不断地看到所完成的部分软件，从而降低开发风险。

当然增量模型也存在缺点，由于软件被分解成各个构件后再逐渐并入已有的软件体系结构，因此要求构件的并入不能破坏原来已经构造好的系统部分，原有软件必须具备开放式的体系结构。增量模型最大的优点是开发团队中人员的分配比较灵活，可以先发布部分功能给客户。

PPT 3-12
软件开发模型（2）

PPT

4）螺旋模型（Spiral Model）

1988 年，Barry Boehm 发布了"螺旋模型"。螺旋模型结合了瀑布模型和快速原型模型两种开发模型，它强调其他模型所忽视的风险分析，因此该模型适用于大型、复杂的系统开发。

在螺旋模型中，软件开发沿着螺线进行若干次迭代，如图 3-12 所示，图中的 4 个象限分别代表了以下活动。

① 制订计划：主要是确定软件目标，选定实施方案，理清项目开发的限制条件。

② 风险分析：分析评价所选用的方案是否合适，重点在于如何识别和消除开发过程中可能存在的风险。

微课 3-12
软件开发模型（2）

③ 实施工程：进行软件开发，同时验证下一个软件产品。

④ 客户评估：让客户评价所开发的产品，提出修改建议，确定下一步的开发计划。

螺旋模型是基于风险驱动的，强调可选用的方案和约束限制条件，支持软件的重用，在软件产品开发过程中注重了软件的质量。执行风险分析将会在很大程度上影响项目的利润，因此，螺旋模型不是所有的情况都适用的，选用该模型有一定的限制，比如要求客户能接受和相信风险分析，同时软件开发人员擅长寻找潜在的风险，并能准确分析风险。

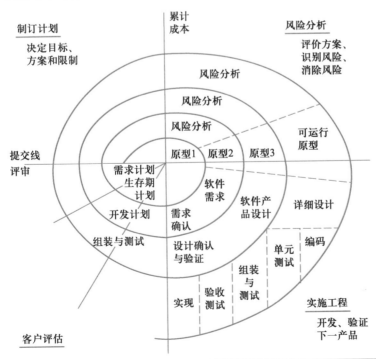

图 3-12
螺旋模型

5）喷泉模型（Fountain Model）

喷泉模型又称面向对象的生存期模型，简称 OO 模型，它以用户需求为动力，以对象为驱动，主要适用于采用面向对象技术的软件项目开发过程。

在喷泉模型中，软件开发的过程是自下而上的，各个阶段都是可以相互迭代和没有间隙的。与其他软件开发模型相比，喷泉模型的增量更多，迭代也更为频繁。该开发模型的各个阶段都是可以相互重叠和多次重复的，同时软件开发的各个阶段没有次序要求，可以交叉进行，在任何阶段都可以随时补充及修改其他阶段的问题，而且活动之间没有明显的边界，是无间隙的。喷泉模型就像泉水喷上去又可以落下来一样，可以落在中间，也可以落在最底部，如图 3-13 所示。

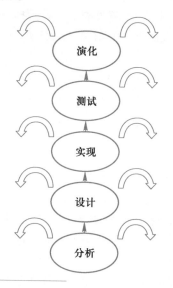

图 3-13
喷泉模型

喷泉模型的缺点是，在开发过程中，不同的阶段是可以同时开展的，因此往往需要大量的开发人员，非常不利于项目的管理。同时，该开发模型对文档的管理非常严格，但该模型随时可以加入各种信息、需求和资料，这使项目审核的难度非常大。喷泉模型的优点是可以大大提高软件项目的开发效率，节省大量的开发时间，尤其适合于面向对象的软件开发过程。

6）敏捷模型（Agile Modeling）

20 世纪 90 年代，为应对快速变化的需求，人们提出了敏捷模型。敏捷模型基于更紧密的团队协作、持续的用户参与和反馈，是能够有效应对快速变化需求、快速交付高质量软件的迭代和增量的新型软件开发方法。

在敏捷模型中，以人为核心，采用迭代的、循序渐进的开发方法和过程，更加注重人的作用，强调个人、团队和业务专家之间的协作，注重面对面的沟通，短迭代频繁地快速交付新的软件版本，客户持续不断地参与及时反馈，以便团队快速响应变化。

敏捷模型强调尽早交付可用的功能，在整个项目周期中不断地改善和拓展功能，更强调人的作用。当然，在敏捷模型中，有人可能在小范围内使用其他开发模型，其他人可能同时进行其他工作，如极限编程。

7）智能模型（四代技术）

智能模型又称为"基于知识的软件开发模型"，它结合了瀑布模型和专家系统，利用专家系统帮助软件开发人员进行软件开发。智能模型拥有一组工具（如数据查询、报表生成、数据处理等工具），每种工具都能让开发人员定义软件的一些特性，并帮助开发人员将定义好的软件自动生成源代码。

在智能模型中，需要第四代语言（4GL）的支持。4GL 的用户界面友好，即使是没有受过培训和学习的非专业开发人员，也能运用该模型及该模型支持的工具编写和实现程序。4GL 是一种声明式、交互式和非过程性编程语言，程序代码编写高效、默认假设智能、数据库完备，具备代码自动生成功能。

8）混合模型（Hybrid Model）

混合模型又称为过程开发模型或元模型（Meta-Model），它将几种不同的软件开发模型进行组合，允许在一个项目开发过程中采用多种模型，只要能让软件开发最有效即可。

在实际项目开发过程中，很多软件开发公司都会使用多种不同的开发模型，组合成适合他们自己的混合模型。我们在开发过程中要注意比较各种开发模型的特点，充分利用模型的优点，减少所选模型的缺点，针对具体正在开发的软件产品的特点和要求，选择合适的软件开发模型进行组合。

6．软件开发方法

软件开发过程模型选定后，还要选择合适的开发方法。当今对于软件系统的开发，不仅仅需要掌握计算机开发语言的编程技巧，更重要的是应掌握一个软件工程在需求分析、系统分析及测试阶段所需要的工作技巧，即软件的开发方法。选择好的软件开发方法可以保证项目有质量、高效的完成。下面介绍了几种主要的软件开发方法。

1）结构化方法

结构化方法是传统的软件开发方法，由结构化分析、结构化设计和结构化程序设计 3 部分组合而成。结构化方法的基本思想是将一个复杂问题的求解过程分阶段进行，自顶向下，逐层分解，使每个阶段所处理的问题都控制在容易理解和处理的范围内。

结构化方法的基本要点是自顶向下、逐步求精和模块化设计。

2）面向数据结构的软件开发方法

Jackson 方法是最典型的面向数据结构的软件开发方法，它把任何问题都用顺序、选择和重复 3 种基本结构形式表示，可以进行自由组合，形成复杂的结构体系。Jackson 方法从目标系统的输入、输出入手，导出程序框架结构，再补充其他细节，从而得到完整的程序结构图。

3）面向对象的软件开发方法

面向对象的软件开发方法简称 OO 方法，是把面向对象的思想应用于软件开发过程中，指导人们进行软件开发活动的系统方法。它建立在"面向对象"概念的基础上。所谓面向对象，就是基于对象的概念，以对象为中心，以类和继承为构造机制，来认识、理解、刻画客观世界，以及设计、构建相应的软件系统。对象是由属性和操作组成的封装体，与现实世界中的客观实体有着直接的对应关系，一个对象的类定义了具有相似性质的一组对象。类是对象的抽象，对象是类的实例。类的继承性是对具有层次关系的类的属性和操作实现共享的一种方式，能实现代码重用。

面向对象技术主要包括 3 个部分的内容：面向对象分析（OOA）、面向对象设计（OOD）及面向对象程序设计（OOP）。

面向对象方法主张从客观世界固有的事物出发来构造系统，提倡用人类常用的思维方法去认识、理解和描述客观事物，强调最终建立的系统能够映射问题域，系统中的对象

PPT 3-13
软件开发方法

微课 3-13
软件开发方法

笔 记

及对象之间的关系能够如实地反映问题域中的固有事物及其关系。

总之，在面向对象的软件开发方法中，系统中的所有的一切都是对象，对象可按性质划分为不同的类。

4）可视化开发方法

随着图形用户界面的兴起，用户界面在软件系统中所占的比例也越来越大，同时图形界面程序也越来越复杂，为了简化编程，人们开发了一批可视化的开发工具。

可视化开发其实就是在可视化开发工具所提供的图形用户界面上，通过操作界面上的元素（如菜单、按钮、对话框、编辑框、单选按钮、复选框、列表框和滚动条等）按需进行组合选择，可视化开发工具会根据选择自动生成相应的应用软件。

可视化开发方法的最大的特点是界面设计方式"所见即所得"，结合"事件驱动"的程序执行机制，以窗体为结构单位，以控件为基础设施，软件开发高效、简单。

5）ICASE 方法

随着软件开发工具的积累，以及自动化工具的增多，人们开始追求实现应用软件的全自动化开发，随之产生了 ICASE 方法。

ICASE 方法的目标就是开发人员只要写好软件的需求规格说明书，软件开发环境就自动完成从需求分析开始的所有的软件开发工作，自动生成供用户直接使用的软件及有关文档。

目前，在应用最成熟的数据库领域，已有能实现全部自动生成的应用软件，如 MSE 公司的 Magic 系统。它只要求软件开发人员填写一系列表格（相当于要求软件实现的各种功能），系统就会自动生成应用软件。它不仅能节省90%以上的软件开发和维护的工作量，而且还能将应用软件的开发工作转交给熟练的用户。

6）软件重用

软件重用（软件复用或软件再用）就是将目前现有的成品软件模块或其他一些成分（如软件的部分代码、需求项目文档等方面内容）来构造全新的软件系统。它大大减少了软件开发所需的费用和时间，有利于提高软件的可维护性和可靠性。

目前软件重用向着 3 个方向发展：基于软件复用库的软件重用、与面向对象技术结合进行的软件复用和组件连接技术。目前发展最快的软件重用方式是组件连接技术，它类似于将工厂生产线上的零件组装集成的软件生产方式，把标准化零件、流水化生产线和组装的概念运用在应用软件的开发过程中，打破传统的软件开发模式，将各个模块标准化，是可以相互连接的开发方式。

基于组件连接技术的软件系统模型在经济价值与社会价值上有着不可比拟的优势，由于采用即插即用的设计原理，所以软件开发的周期会大大降低，并在未来修改软件的时候也会非常便捷，二次开发非常方便，开发出的软件在功能上也有可扩展性。

3.3.2 软件项目管理

希赛公司是一家专注于企业信息化的公司，在早期进军电子政务行业时，接触到的第一个软件项目是开发一套工商审批系统。该系统属于电子政务行业，保密性要求高，它涉及政务内网和政务外网两个互不联通的子网。在政务内网中存储着系统的全部信息，包括部分机密信息，而政务外网只要通过授权，就可以将需要开发的信息对外开放。客户提出的系统要求是，这两个子网中的合法用户都可以访问被授权的信息，并且要求访问的信息必须是一致、可靠的，同时政务内网的信息可以发布到政务外网上，而政务外网的信息必须经过审批才可以进入政务内网系统。

项目经理张工获悉该需求后，认为电子政务的建设与企业信息化建设不同，不能按照企业信息化的经验和方案进行开发，因此他带领开发团队采用了严格的瀑布模型，并专门招聘了对网络互通互联的熟悉技术人员设计了解决方案，经过严格评审后进行了实施。当项目交付时，系统虽然完全满足了保密性要求，但用户对系统的界面设计不认可，认为所交付的软件产品不符合政务信息系统的风格，操作不够便捷流畅，要求彻底更换界面设计。但是由于最初设计的缺陷，系统表现层和逻辑层的耦合度过高，导致需要重写 70% 的代码，但用户对修改之后的用户界面仍不满意，最终又花了很多人力、时间重写了部分代码才通过验收。最终由于系统的反复变更，项目组开发人员产生了强烈的挫折感，项目的工期大大超出原计划，是原来的两倍之多。

该项目失败源于软件项目管理的缺失，软件开发的成败和质量好坏与软件项目管理是否到位有着直接的关系。

1. 软件项目管理的概念

软件项目管理是指在软件项目开发过程中，对软件项目进行高效的计划、组织、指导和控制，将研发任务与公司有关部门和相关人员紧密关联起来，使部门和工作人员目标明确、业绩清晰。

软件项目管理强调项目负责人的作用和团队的协作精神，更关注人的因素和人员组织、关注客户及服务于客户，着重在于提高软件项目研发的效率和质量，属于一种工作流程的管理。

软件项目管理包含的内容很多，其中非常重要的几个方面如下：人员的组织与管理、软件度量、软件项目计划、风险管理、软件质量保证、软件过程能力评估、软件配置管理。

PPT 3-14
软件项目管理（1）

PPT

2. 软件项目管理流程

软件项目管理流程一般包括 5 个部分，分别是项目启动阶段、项目规划阶段、项目执行阶段、项目控制阶段和项目收尾阶段。

- 项目启动阶段的主要任务是识别客户需求，对客户提出的需求内容进行可行性分析、评估和立项。
- 项目规划阶段的任务是，为拟研发的软件项目制订一个详细的解决方案，为各种可交付成果准备工作计划。
- 项目控制阶段主要是定期监测与度量项目执行情况，以及各阶段各项工作的进展情况，识别是否有偏离计划的地方，对于项目执行过程中出现的问题，及时发现并纠正，确保项目不偏离目标。
- 项目收尾阶段主要是交付产品，总结经验教训。

软件项目管理是一项系统整合的工作，每个阶段都有不同的要求，尤其是对项目经理而言，这是对综合能力的考验。

微课 3-14
软件项目管理（1）

（1）项目启动阶段

在一个项目管理过程中，首要的管理就是项目启动过程。项目启动阶段主要包括以下内容。

笔 记

1）项目识别

软件开发部门接到业务部门提出的客户需求后，需要对客户的需求内容进行确认，并做出可行性研究分析，通过和客户的交流沟通后进行分析评估，对需求内容中可实现和不能实现的地方达成一致，同时将确认的需求内容纳入公司的项目管理系统中进行管理，最后配合业务部门，撰写详细的软件需求说明书。

2）项目立项

软件项目在通过评审后进行立项，应由公司的项目管理办公室按照公司项目管理流程为新项目建立信息档案，编制项目代码，启动项目开发工作，同时要求开发部门编写需求开发的任务书。

（2）项目规划阶段

项目规划阶段的主要工作是制订项目计划、确定项目的范围，进行项目组人员配置，编制项目风险管理计划和项目预算表、项目采购计划，制订项目质量保证计划和沟通计划。

1）规划项目范围

项目范围需要给出项目的背景描述、项目的目标描述，同时对项目工作结构进行分解（一般使用 WBS），制订里程碑计划和项目的工作责任分配矩阵。

2）编制项目工作计划

依据项目合同中对工期的约定和要求、里程碑计划、WBS，参考公司其他类似项目的历史信息和项目内外部的实际条件，结合各种资源状况等内容编制项目工作计划。一般情况下，编制项目工作计划常用的方法是使用 PERT 网络技术或甘特图法。项目工作计划的具体内容包括项目进度计划、项目人力资源计划、项目的费用预算、风险控制计划、质量控制计划、项目采购计划、培训计划和方案评估计划等。

3）设计项目实现方案

项目实现方案主要包括确定项目的技术实现方案、开发方案和测试方案等。

4）确定信息沟通与披露渠道

确认项目开发过程中项目开发团队之间、与客户之间的沟通渠道和方式，建立项目信息的披露机制。

5）项目信息管理

为所要开发的项目进行编号，并建立信息档案，详细记录该软件项目生命周期中每一个阶段产生的信息资料、文档等，要求项目组成员随时提交项目信息，建成项目信息管理的知识库和经验库。

PPT 3-15
软件项目管理（2）

（3）项目执行阶段

当项目启动且项目规划中要求的前期条件都具备时，项目就开始执行了。项目执行阶段的主要内容如下。

1）建立项目开发团队，明确团队组成形式

依据需求开发任务书中的项目完成时间、费用要求，确认项目开发团队的人员及数量，任命和明确项目经理，建成以项目经理为项目负责人的项目开发团队。开发团队组建后，项目经理需要组织团队人员交流、沟通和互相熟悉，进一步明确项目任务、目标、规模、人员组成、规章制度和行为准则，确定所有的岗位、任务和责任，建立开发团队的绩效管理和激励机制，努力争取公司各方面的支持，根据开发团队各个成员的特点分配任务和职责，同时收集有关项目信息。

2）实施项目开发测试

根据软件项目设计开发的制度要求，严格遵守软件项目管理规范，按照项目需求实现方案为项目的具体开发做准备。

微课 3-15
软件项目管理（2）

3）实施项目采购

项目经理及项目开发团队成员按照公司采购制度和采购的流程控制要求，了解软件产品的供应商市场，咨询市场价格，进行采购或进行招投标及与中标的供应商签订购买合同。

4）项目信息人档管理

在项目的开发过程中，往往会产生很多信息或文档资料，项目团队需要及时、正确地搜集信息并输入项目信息管理档案中进行统一管理，为更好地跟踪项目进程、提高项目控制能力及项目交付后的评价、绩效考核做好准备。

（4）项目控制阶段

项目控制阶段的管理工作主要包括以下内容。

1）项目进度与费用控制

要保证项目质量，做好风险控制，必须做好项目进度和费用控制，需要定期撰写项目进度报告，每周定期召开项目工作例会，当有项目外包时，还必须定期与项目外包商举行沟通会议，及时解决存在的问题。根据里程碑计划中制定的需求分析完成时间、系统设计完成时间、编码完成时间、测试完成时间和投产交付的完成时间，在关键的每个阶段完成时都需要召开会议，确认完成的具体时间是否按计划执行。

2）项目资源的控制

在软件开发中，项目资源主要包括人力资源、开发环境资源、测试环境资源、设备资源等。项目经理需要根据项目开发的进度和实际情况，优化资源的分配，合理安排项目所使用的开发和测试环境，动态调整开发人员和测试人员的数量及工作内容，通过对项目资源的动态调控优化，确保项目的质量和项目开发的进度能按期完成。

3）采购过程及合同控制

在项目开发过程中，还需要监控采购过程，确保供应商的招投标和中标是否严格按流程操作执行，检查供应商的资质是否符合要求，所提供的文档是否齐全。对于中标的供应商还要做好合同管理工作，确保卖方符合要求，同时买方需要根据项目的实际进度做好各个阶段的付款工作，当合同内容发生变化时，需要对合同内容进行变更管理。

4）需求变更管理

在软件项目的开发过程中，客户的需求经常会发生改变，项目开发团队必须针对需求内容的变化请求迅速做出响应，同时按照需求变更的工作流程做好需求变更的管理工作，严格控制和记录来自各方面的变更需求，更新项目计划的内容，及时将更新的项目信息输入到项目信息管理档案。

5）项目风险控制

依据项目规划阶段对软件项目开发过程中可能会出现的风险识别及风险做出的应对策略，实行项目"实时监控、实时询问、及时披露"制度，出现风险需要及时向上级领导和客户反映，同时项目开发团队需要采取措施将项目的风险降低到最小的程度。如果项目有部分外包，项目经理需要密切监控项目外包部分的实施情况，提前预测风险并进行应对。

笔 记

6）项目质量控制

笔 记

按照项目质量确保计划，由项目质量控制人员全程跟踪开发过程中的质量控制点，提醒项目经理提交项目管理中需要监测的质量信息资料，发现问题应及时通知项目经理改正，严格把控软件质量。

（5）项目收尾阶段

项目收尾阶段主要包括下面的工作。

1）项目验收

软件完成后需要进行验收，一般都是交予客户进行验收测试，验证软件系统所实现的功能是否满足了客户的需求。

2）项目后评价

项目开发结束后，需要项目开发团队撰写项目报告，总结分析整个项目开发工作，分析项目开发过程中出现的问题、原因及解决的方法，撰写项目总结分析报告，为以后其他软件项目的开发提供宝贵的经验。

习 题

一、单选题

文本 习题参考答案

1. 数据是信息的载体，信息是数据的（　　）。
   A. 符号化表示　　　　　　　　B. 载体
   C. 内涵　　　　　　　　　　　D. 抽象

2. 在计算机中，数据都是以（　　）形式加工、处理和传送的。
   A. 十进制码　　　　　　　　　B. 二进制码
   C. 八进制码　　　　　　　　　D. 十六进制码

3. 多媒体信息不包括（　　）。
   A. 影像、动画　　　　　　　　B. 文字、图形
   C. 音频、视频　　　　　　　　D. 硬盘、网卡

4. （　　）是按照一定的数据模型组织的、长期存储在计算机内的、可为多个用户共享的数据的集合。
   A. 数据库系统　　　　　　　　B. 数据库
   C. 关系数据库　　　　　　　　D. 数据库管理系统

5. 数据库管理系统（DBMS）目前采用的数据模型中最常用的是（　　）模型。
   A. 面向对象　　　　　　　　　B. 层次
   C. 网状　　　　　　　　　　　D. 关系

6. DAS 代表的意思是（　　）。
   A. 两个异步的存储　　　　　　B. 数据归档软件
   C. 连接一个可选的存储　　　　D. 直连存储

7. 计算机的软件系统包括（　　）。
   A. 程序和数据　　　　　　　　B. 系统软件与应用软件
   C. 操作系统与语言处理程序　　D. 程序、数据与文档

8. 软件开发的各项活动严格按照线性方式进行，当前活动接收上一项活动的工作结果，实施完成所需的工作内容的软件开发模型是（　　　）。

    A. 瀑布模型　　　　　　　　　　B. 快速原型模型

    C. 增量模型　　　　　　　　　　D. 敏捷模型

9. 下列的（　　）最能适应快速变化的需求。

    A. 瀑布模型　　　　　　　　　　B. 快速原型模型

    C. 增量模型　　　　　　　　　　D. 敏捷模型

10. 下列（　　）软件开发方法把一个复杂问题的求解过程分成几个阶段，并且这种分解是自顶向下，逐层分解的。

    A. 面向对象方法　　　　　　　　B. 结构化方法

    C. 可视化方法　　　　　　　　　D. ICASE 方法

11. 下列的（　　）在可视化开发工具提供的图形用户界面上，通过操作界面元素（如菜单、按钮、对话框、编辑框、单选按钮、复选框、列表框和滚动条）开发。

    A. 面向对象方法　　　　　　　　B. 结构化方法

    C. 可视化方法　　　　　　　　　D. ICASE 方法

12. 下列软件属性中，软件产品首要满足的应该是（　　　）。

    A. 功能需求　　　　　　　　　　B. 性能需求

    C. 可扩展性和灵活性　　　　　　D. 容错纠错能力

13. 需求分析的最终结果是产生（　　　）。

    A. 项目开发计划　　　　　　　　B. 需求规格说明书

    C. 设计说明书　　　　　　　　　D. 可行性分析报告

14. 开发软件所需的高成本和产品的低质量之间有着尖锐的矛盾，这种现象称为（　　）。

    A. 软件工程　　　　　　　　　　B. 软件周期

    C. 软件危机　　　　　　　　　　D. 软件产生

15. 软件测试的目的是（　　　）。

    A. 评价软件的质量　　　　　　　B. 发现软件的错误

    C. 找出软件的所有错误　　　　　D. 证明软件是正确的

二、填空题

1. 数的小数点有_____、_____表示法。

2. 今天是 9 月 1 日，天气炎热，李先生在 8 月 30 日的报纸上看到一条信息"今明两天到某电器大卖场购买空调一台即获 300 元现金券"。于是，李先生便前往该商场，却被告知他不能享受优惠。这个事件主要体现了信息的_____特性。

3. 计算机对汉字信息的处理过程实际上是各种汉字编码间的转换过程，汉字编码主要包括_____、_____、汉字地址码、_____等。

4. 多媒体数据压缩编码方法可以分为两大类：_____、_____。

5. 关系数据库是以关系模型为基础的，关系模型由_____、_____及_____3部分组成。

6. 结构化软件开发方法的基本要点是：_____、_____、_____及结构化编码。

7. 面向对象方法的主要特征有_____、_____、_____。

8. 软件生命周期可以分为 6 个阶段：可行性研究与计划阶段、_____阶段、_____阶段、_____阶段、测试阶段、运行和维护阶段。

9. 需求分析阶段采用_____、_____和主要的处理算法来表示软件系统的逻辑模型。

10. 面向对象开发方法包括 OOA、_____和_____3 部分。

三、简答题

1. 请列举多媒体的关键技术。

2. 目前主流的存储技术有哪些？

3. 什么叫结构化数据、半结构化数据和非结构化数据？

4. 什么是软件危机？软件危机的表现是什么？其产生的原因是什么？

5. 什么是软件生命周期？

单元 *4*

云计算技术

随着网络技术的发展，人们对数据的存储、运算等方面的要求也越来越高。在这种情况下，新的计算模式进入了我们的学习、生活和工作中，它就是被誉为第三次信息技术革命的"云计算"。云计算（Cloud Computing）的概念影响着整个计算机网络，已成为 IT 界的一个新浪潮，成为新的信息技术的代名词。在不断的发展过程中，"云计算技术"在社会各领域中的推广效率极高，能够辅助诸多领域完成数据处理等工作。

文本 单元设计

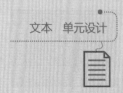

4.1 云计算概述

PPT 4-1
云计算概述

微课 4-1
云计算概述

笔 记

4.1.1 什么是云计算

云计算的概念自提出之日起就一直处于不断的发展变化中，目前对云计算的定义有多种。下面列出几个典型的定义，使读者从多个角度了解云计算的含义。

国内云计算网为云计算的定义：云计算实质是基于网络的超级计算模式，在云计算基地把大量的计算机和服务器连在一起形成一片"云"，用户无论在何地、何时，无须通过基地、工作人员就可以利用个人计算机、手机等智能设备的客户界面连接到云，在云平台增加和删减所需资源，达到资源的有效利用。它的计算能力达到每秒数亿万次以上。

国内相关专家对云计算的定义：云计算把大量软硬件基础设施整合并封装成资源池，用户根据需要从数据中心获得各种服务。

美国国家标准与技术研究院（NIST）的定义：云计算是一种按使用量付费的模式，这种模式提供可用的、便捷的、按需的网络访问，进入可配置的计算资源共享池（资源包括网络、服务、存储、应用软件、服务），这些资源能够被快速提供，只需投入很少的管理工作或与服务供应商进行很少的交互。

百度百科中云计算的定义：它是一种以互联网为基础的计算模式，通过这种模式，资源可以按需提供给计算机和其他终端设备，这些资源是虚拟的、弹性化的，用户可以按需付费使用。

根据这些定义，我们可以这样通俗地理解，如图 4-1 所示，云计算的"云"是一种比喻的说法，其实就是指互联网上的服务器集群上的资源，它包括硬件资源（如存储器、服务器、CPU 等）和软件资源（如应用软件、集成开发环境等），本地计算机只需要通过互联网发送一条需求信息，远端就会有成千上万的计算机为用户提供需要的资源，并将结果返回给本地计算机。这样本地计算机需要的存储和运算极少，所有的处理都由云计算提供商所提供的计算机群来完成。简单地说，云计算是一种商业计算模式，它将任务分布在大量计算机构成的资源池上，用户可以按需要通过网络获取存储空间、计算能力和信息等服务。

4.1.2 云计算的产生背景

云计算的产生是继 20 世纪 80 年代从大型计算机到客户端/服务器的大转变之后的又一巨变。云计算是生产需求推动的结果，是分布式计算（Distributed Computing）、并行计算（Parallel Computing）、效用计算（Utility Computing）、网络存储（Network Storage）、虚拟化（Virtualization）、负载均衡（Load Balance）等传统计算机和网络技术发展融合的产物。

4.1.3 云计算的发展历程

对于云计算机的概念，追根溯源，早在 20 世纪五六十年代就提出了相关概念，70 年代出现雏形，经过几十年的理论完善和发展准备，2007 年开始进入稳步成长阶段，2010 年后经过深度竞争逐渐形成主流平台产品和标准，云计算正式进入高速发展阶段。下面总结回顾云计算发展历程中的重要事件。

图 4-1
云计算

1984 年，Sun 公司（Sun Microsystems）的联合创始人提出"网络就是计算机"（The Network is the Computer）。

2006 年 3 月，亚马逊（Amazon）推出弹性计算云（Elastic Compute Cloud，EC2）服务，这是现在公认的最早的云计算产品。

2006 年 8 月 9 日，搜索引擎大会（SES San Jose 2006）中首次提出云计算的概念。

2007 年 10 月，IBM 等公司开始在美国大学校园推广云计算的计划，希望通过这项计划能降低分布式计算技术在学术研究方面的成本，并为这些大学提供相关的软硬件设备及技术支持。

笔 记

2008 年 8 月 3 日，戴尔公司在美国专利商标局申请"云计算"（Cloud Computing）商标，其目的是加强对这一未来可能重塑技术架构的术语的控制权。

2010 年 3 月 5 日，Novell 与云安全联盟（CSA）共同宣布了一项名为"可信任云计算计划（Trusted Cloud Initiative）"的供应商中立计划。

2010 年 4 月，Intel 在 IDF 上提出互联计算，计划用 X86 架构统一嵌入式、物联网和云计算领域。

2012 年，随着腾讯、淘宝、360 等开放平台的兴起，以及阿里云、百度云、新浪云等公共云平台的迅速发展，国内云计算真正进入实践阶段，因此我们称 2012 年为"中国云计算实践元年"。

2015 年，《国务院关于促进云计算创新发展培育信息产业新业态的意见》《云计算综合标准化体系建设指南》《关于积极推进"互联网+"行动的指导意见》等相关利好政策的相继出台，为我国云计算市场注入了创新活力，促使国内的云计算市场规模进一步扩大。

4.1.4 云计算的特点

云计算具有以下特点。

1. 规模非常庞大

"云"具有超大的规模，阿里、腾讯、百度、华为、Amazon、IBM、微软等知名 IT

公司的"云"均拥有百万级的服务器，企业私有云一般也拥有数百上千台服务器。"云"能赋予用户前所未有的存储与运算能力。

2. 虚拟化

云计算支持用户随时、随地利用各种终端获取应用服务。用户所请求的资源都来自"云"，而不是传统的固定有形的实体。用户利用任意终端，通过网络就可以实现所需要的服务，甚至包括超级计算任务。

3. 可扩展性高

云计算具有高扩展性，其规模可以根据其应用的需要进行调整和动态伸缩，可以满足用户和应用大规模增长的需要。

4. 通用性好

云计算不针对特定的服务和应用，在"云"技术的支撑下可以同时使不同的服务和应用运行。

5. 可靠性高

云计算对于可靠性的要求很高。在软硬件层面采用了数据多副本容错、计算结点同构可互换等措施来保障服务的高可靠性，在设施层面采用了冗余设计来进一步确保服务的可靠性。

6. 按需服务

云计算采用按需服务模式，像自来水、电、煤气那样计费。用户可以根据需求自行购买，降低用户投入费用，并获得更好的服务支持。

7. 节约成本

云计算的自动化集中式管理使大量企业不需要负担高昂的数据中心管理成本，就可以享受超额的云计算资源与服务，通常只要花费几天时间就能完成以前需要数万美元、数月时间才能完成的任务。

8. 具有潜在的危险性

云计算服务目前垄断在私人机构（企业）手中，他们仅仅能够提供商业信用。云计算中的数据对于数据所有者以外的其他用户是保密的，但是对于提供云计算的商业机构来说却毫无秘密可言。这些潜在的危险，是商业机构和政府机构选择云计算服务特别是国外机构提供的云计算服务时不得不考虑的一个重要的前提。

4.2　云计算的关键技术

PPT 4-2
云计算的关键技术

云计算是一种新型的超级计算方式，以数据为中心，是一种数据密集型的超级计算。云计算需要以低成本提供高可靠、高可用、规模可伸缩的个性化服务，因此需要分布式数据存储技术、虚拟化技术、云平台技术、并行编程技术、数据管理技术等若干关键技术的支持。

4.2.1 分布式数据存储技术

　　分布式数据存储就是将数据分散存储到多个数据存储服务器上。云计算系统由大量服务器组成，可同时为大量用户服务，因此云计算系统主要采用分布式存储的方式进行数据存储。同时，为确保数据的可靠性，通常采用冗余存储的方式。目前，云计算系统中广泛使用的数据存储系统有可分布式文件系统 GFS 和 Hadoop 团队开发的 GFS 的开源实现 Hadoop 分布式文件系统（Hadoop Distribute File System，HDFS）。

微课 4-2
云计算的关键技术

　　GFS 是一个可扩展的分布式文件系统，主要用于大型的、分布式的、对大量数据进行访问的应用。GFS 是针对大规模数据处理而设计的，它可运行于普通硬件上，同时又可以提供较强的容错功能，可以给大量的用户提供总体性能较高的服务。

　　HDFS 是基于使用流数据模式访问和处理超大文件的需求而开发的，是分布式计算中数据存储管理的基础，具有高容错、高可靠性、高可扩展性、高获得性、高吞吐率等特征，可为海量数据提供不怕故障的存储，为分布式数据存储的应用及处理带来了很多便利。

4.2.2 虚拟化技术

　　虚拟化技术是云计算最核心的技术之一，它是将各种计算及存储资源充分整合、高效利用的关键技术。虚拟化是一个广义的术语，计算机科学中的虚拟化包括设备虚拟化、平台虚拟化、软件程序虚拟化、存储虚拟化、网络虚拟化等。虚拟化技术可以扩大硬件的容量，减少软件虚拟机的相关开销，简化软件的重新配置过程，支持更广泛的操作系统。云计算的虚拟化不同于传统的单一虚拟化，它是包含资源、网络、应用和桌面在内的全系统虚拟化。虚拟化技术可以实现将所有的硬件设备、软件应用和数据隔离开，打破硬件配置、软件部署和数据分布的界限，实现 IT 架构的动态化，实现资源的统一管理和调度，使应用能够动态地使用虚拟资源和物理资源，提高资源的利用率和灵活性。

　　虚拟化技术具有以下特点。

1. 资源分享

　　使用虚拟机封装用户各自的运行环境，有效实现多用户分享计算和存储资源。

2. 资源定制

　　用户利用虚拟化技术，按需配置私有服务器，指定所需计算和存储资源，实现资源的按需分配。

3. 细粒度资源管理

　　将物理服务器拆分成多个虚拟机，可以使服务器的资源利用率得到提高，减少浪费，而且有助于服务器的负载均衡和节能。

　　基于以上特点，虚拟化技术是实现云计算资源整合和按需服务的基础。

4.2.3 云平台技术

　　云计算平台也称为云平台。云计算硬件资源的规模十分庞大，而且分布在不同的地点，同时运行着众多的应用。云平台技术能够有效地管理这些硬件资源和应用协同工作，

笔 记

笔 记

快速地发现和恢复系统故障，通过自动化、智能化的手段，使云系统高效、稳定运行。云平台可分为三大类：一是以数据存储为主的存储型云平台，二是以数据处理为主的计算型云平台，三是计算和数据存储处理兼顾的综合型云平台。

云平台的主要特点是用户决定了应用，用户只需要调用平台提供的接口就可以在云平台中完成自己的工作，不用关心云平台底层的实现。利用虚拟化技术，云平台提供商可以实现按需提供服务，这既降低了云的成本，又保证了用户的需求得到满足。因为云平台基于大规模的数据中心或者网络，所以云平台可以提供高性能的计算服务和无限的资源。

4.2.4 并行编程技术

云计算是一个多用户、多任务、支持并发处理的系统，通常采用并行编程模式，即在同一时间同时执行多个计算任务。基于并行编程技术的云计算系统可高效、简捷、快速地通过网络把强大的服务器计算资源方便地分发到终端用户手中。在并行编程模式下，容错、并发处理、数据分布、负载均衡等都被抽象到一个函数库中，通过统一接口，将复杂的计算任务自动分成多个子任务，并行地处理海量数据。

MapReduce 是当前云计算主流的并行编程模式之一，可基于 Python、Java、C++编程模型，主要用于大规模数据集（大于 1 TB）的并行运算。MapReduce 模式的思想是，将要执行的问题分解成 Map（映射）和 Reduce（化简）的方式，将任务自动分成多个子任务，先通过 Map 程序将数据分割成不相关的区块，分给大量的计算机处理，达到分布式计算的效果，再通过 Reduce 程序将结果汇整输出。

4.2.5 数据管理技术

云计算需要对分布在不同服务器上的海量的数据进行分析和处理，因此，数据管理技术必须能够高效、稳定地管理大量的数据。目前，最常见的应用于云计算的数据管理技术是 BigTable 数据管理技术和 Hadoop 团队开发的开源数据管理模块 HBase。

BigTable（简称 BT）是非关系型的数据库，是一个分布式的、持久化存储的多维度排序 Map。BigTable 建立在 GFS、Scheduler、Lock Service 和 MapReduce 之上，它不同于传统的关系数据库，它把所有数据都作为对象来处理，形成一个巨大的表格，用来分布存储大规模结构化数据。这种特殊的结构设计，使得 BigTable 能够可靠地处理 PB 级别的数据，并且能够部署到上千台机器上。

HBase 是 Apache 的 Hadoop 项目的子项目。它不同于一般的关系数据库，它基于列的模式，而不是基于行的模式，而且它是一个适合于非结构化数据存储的数据库。作为高可靠性的分布式存储系统，HBase 在性能和可伸缩方面都有着非常好的表现。利用 HBase 技术可在廉价服务器上搭建起大规模结构化存储集群。

4.3 云计算的服务类型

PPT 4-3
云计算的服务类型

云计算是一种新的计算，也是一种新的服务模式。云计算服务提供方式有基础设施即服务（Infrastructure-as-a-Service，IaaS）、平台即服务（Platform-as-a-Service，PaaS）和软件即服务（Software-as-a-Service，SaaS）3 种类型。IaaS 提供的是用户直接使用计算资源、存储资源和网络资源的能力，PaaS 提供的是用户开发、测试和运行软件的能力，SaaS 是将软件以服务的形式通过网络提供给用户。

这 3 类云计算服务的层次关系如图 4-2 所示。IaaS 处于整个架构的底层；PaaS 处于中间层，可以利用 IaaS 层提供的各类计算资源、存储资源和网络资源来建立平台，为用户提供开发、测试和运行环境；SaaS 处于最上层，既可以利用 PaaS 层提供的平台进行开发，也可以直接利用 IaaS 层提供的各种资源进行开发。

微课 4-3
云计算的服务类型

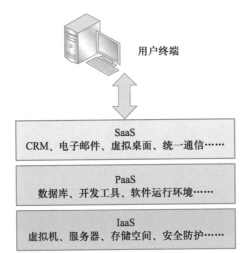

图 4-2
云计算服务的层次关系

4.3.1　基础设施即服务

基础设施即服务（IaaS）是指用户通过 Internet 可以获得 IT 基础设置硬件资源，并可以根据用户资源使用量和使用时间进行计费的一种能力及服务。提供给消费者的服务是对所有计算基础设置的利用，包括 CPU、内存、存储、网络等计算资源，用户能够部署和运行任意软件，包括操作系统和应用程序。为了优化资源硬件的分配问题，IaaS 层广泛采用了虚拟化技术。

IaaS 代表企业有 Amazon、Microsoft、VMWare、Rackspace 和 Red Hat。开源代表产品有 OpenStack、CloudStack、Eucalyptus。

4.3.2　平台即服务

平台即服务（PaaS）是把服务器平台或开发环境作为一种服务提供给客户的一种云计算服务。在该服务模式中，用户不需要购买硬件和软件设施，只需要支付一定的租赁费用，就可以拥有一个完整的应用开发平台。在 PaaS 平台上，用户可以创建、测试和部署应用及服务，并通过其服务器和互联网传递给其他用户使用。

PaaS 的主要用户是开发人员，与传统的基于企业数据中心平台的软件开发相比，用户可以大大减少开发成本。

4.3.3　软件即服务

软件即服务（SaaS）是一种通过互联网提供软件的模式，用户不需要购买软件，而是通过互联网向特定的供应商来租用自己所需要的相关软件服务的功能。相对于普通用户来说，SaaS 服务可以让应用程序访问泛化，把桌面应用程序转移到网络上去，随时随地使用软件。生活中，几乎人们每一天都在接触 SaaS 云服务，比如我们平常使用的苹果手机云服务、微信小程序和网页中的一些云服务等。

笔 记

4.3.4　3 种云计算服务类型的比较

云计算的 3 种不同的服务类型都是基于互联网的，按需、按时付费。从用户的体验角度而言，它们之间的关系是独立的。从技术角度而言，它们并不是简单的继承关系，SaaS 可以基于 PaaS 或者直接部署于 IaaS 之上。表 4-1 对 3 种服务类型进行了比较。

表 4-1　3 种服务类型的比较

云计算服务类型	服务对象	使用方式	关键技术	用户的控制等级	系统实例
IaaS	需要硬件资源的用户	使用者上传数据、程序代码、环境配置	虚拟化技术、分布式海量数据存储技术等	使用和配置	Amazon EC2、Eucalyptus 等
PaaS	程序开发者	使用者上传数据、程序代码	云平台技术、数据管理技术等	有限的管理	Hadoop 等
SaaS	企业和需要软件应用的用户	使用者上传数据	Web 服务技术、互联网应用开发技术等	完全的管理	Salesforce CRM 等

4.4　云计算部署模式

PPT 4-4
云计算部署模式

微课 4-4
云计算部署模式

部署云计算服务的模式有三大类：公有云、私有云和混合云。

4.4.1　公有云

公有云是第三方提供商为用户提供的能够使用的云，它的核心属性是共享资源服务。在此种模式下，应用程序、资源、存储和其他服务，都由云服务供应商来提供给用户。这些服务多半是免费的，也有的要按需求和使用量来付费，这种模式只能通过互联网来访问和使用。用户使用 IT 资源的时候，感觉资源是其独享的，并不知道还有哪些用户在共享该资源。云服务提供商负责所提供资源的安全性、可靠性和私密性。

公有云的结构如图 4-3 所示。

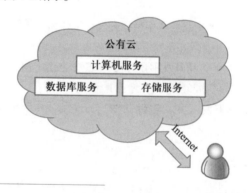

图 4-3
公有云的结构

对用户而言，公有云的最大优点是其所应用的程序、服务及相关数据都由公有云服务商提供，用户无须对硬件设施和软件开发做相应的投资和建设，有时仅需购买相应服务即可。但是，由于数据存储在公共服务器上，并且具有共享性，因此其安全性存在一定的风险。同时，公有云的可用性依赖于服务商，不受用户控制，这方面也存在一定的不确定性。

　　独立构建、联合构建、购买商业解决方案和使用开源软件是公有云的主要构建方式。现在很多有名的 IT 公司都推出了自己的公有云服务，如阿里云、腾讯云、华为云、微软的 Windows Azure Platform 和亚马逊的 AWS 等。

笔 记

4.4.2　私有云

　　私有云是指为特定的组织机构建设的单独使用的云，它所有的服务只提供给特定的对象或组织机构使用，因而可对数据存储、计算资源和服务质量进行有效控制，它的核心属性是专有资源服务。私有云的部署比较适合于有众多分支机构的大型企业或政府部门。随着这些大型企业数据中心的集中化，私有云将会成为其部署 IT 系统的主流模式。

　　私有云的结构如图 4-4 所示。

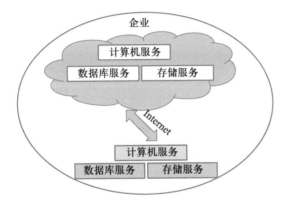

图 4-4
私有云的结构

　　相对于公有云，私有云部署在企业内部网络，因此其数据安全性、系统可用性都可以由自己控制。但其缺点是企业需要进行大量的前期投资。私有云的规模相对于公有云来说一般要小得多，无法充分发挥规模效应。

　　创建私有云的方式主要有两种：一种是使用 OpenStack 等开源软件将现有的硬件整合成一个云，适合于预算少或者希望提高现有硬件利用率的企业；另一种是购买商业解决方案，适用于预算充裕的企业和机构。

4.4.3　混合云

　　混合云是指供自己和客户共同使用的云，它所提供的服务既可以供别人使用，也可以供自己使用。相比较而言，混合云的部署方式对提供者的要求比较高。在使用混合云的情况下，用户需要解决不同云平台之间的集成问题。混合云的结构如图 4-5 所示。

　　在混合云部署模式下，公有云和私有云相互独立，但在云的内部又相互结合，可以发挥混合云中所有云计算模型各自的优势。通过使用混合云，企业可以在私有云的私密性和公有云的低廉性之间做一定的权衡。

　　混合云的构建方式有两种：一种是外包企业的数据中心，企业搭建一个数据中心，但具体的维护和管理工作都外包给专业的云服务提供商，或者邀请专业的云服务提供商直接在企业内部搭建专供本企业使用的云计算机中心，并在建成后负责以后的维护工作；另一种是购买私有云服务，通过购买云供应商的私有云服务，将公有云纳入企业的防火墙内，并且在这些计算资源和其他公有云资源之间进行隔离。

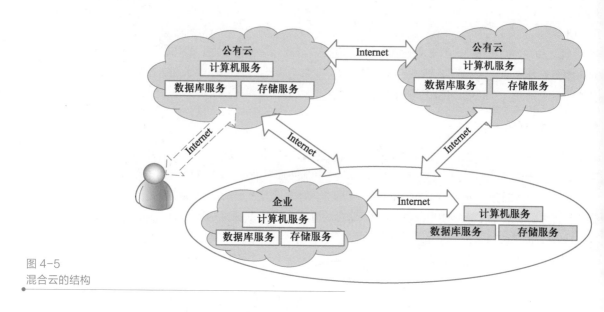

图 4-5
混合云的结构

4.5　云计算的典型应用

PPT 4-5
云计算的典型应用

　　云应用是云计算技术在应用层的具体体现，是云计算概念的子集。云计算作为一种宏观技术发展概念而存在，而云应用则是直接面对用户解决实际问题的产品。

　　如图 4-6 所示，云应用遍及各个方面，包括云存储、云服务、云物联、云安全及云办公这几个方面的应用。

微课 4-5
云计算的典型应用

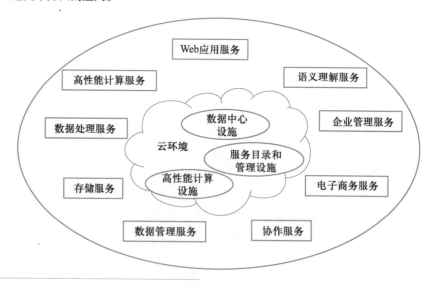

图 4-6
典型云应用

4.5.1　云存储

　　云存储是一个新的概念，是在云计算概念上衍生和发展而来的。云存储是指通过网络技术、分布式文件系统或集群应用等功能，将网络中数量庞大且种类繁多的存储设备通过应用软件集合起来协同工作，共同对外提供数据存储和业务访问的功能，保证数据的安全，并节约存储空间。当云计算系统运算和处理的核心是大量数据的存储及管理时，云计算系统中就需要配置大量的存储设备，那么云计算系统就转变成一个云存储系统，所以云存储是一个以数据存储和管理为核心的云计算系统。

目前，国内外发展比较成熟的云存储很多。比如，百度网盘（图 4-7 所示为百度云的手机界面图）是百度推出的一项云存储服务，首次注册即有机会获得 2T 的空间，已覆盖主流 PC 和手机操作系统，包含 Web 版、Windows 版、Mac 版、Android 版、iPhone 版和 Windows Phone 版。

图 4-7
百度网盘的手机界面图

用户可以轻松将自己的文件上传到网盘上，并可以跨终端随时随地查看和分享。2016 年，百度网盘总用户数突破 4 亿。2016 年 10 月 11 日，百度云改名为百度网盘，此后更加专注发展个人存储、备份功能。

4.5.2 云服务

目前，非常多的公司都有自己的云服务产品，如百度、华为、Microsoft 等。典型的云服务包括华为云空间、微软 Hotmail、苹果 iCloud 等，这些服务主要以邮箱为账号，实现用户登录账号后的内容在线同步的作用。当然，邮箱也可以达到这个效果，在没有 U 盘的情况下，有人经常会把文件发给自己的邮箱，以方便在其他地方也可以阅览，这也是云服务的最早应用，可以实现在线运行，随时随地接收文件。

现在的移动设备上基本都具备了自己的账户云服务，像苹果 iCloud（如图 4-8 所示），只要将资料存入了 iCloud，就可以在计算机、平板、手机等设备上轻松读取联系人信息、音乐、图像数据等。它是一个可以将所有 iOS 设备串流在一起的云端网络，通过它可以让用户从不同的设备上看到个人的应用，省去了复制及相互传输的麻烦。当然它的应用并不仅仅在于此，它可以让用户在所有的绑定设备上随时随地地看到及修改它们，随用随取，同步后的文档内容与最后一次修改相同，当然前提是设备已经连接网络。iCloud 可以将用户在 iPhone 上看到的书签位置记录下来，当需要用 iPad 继续阅读的时候，可以从上次阅读的地方继续看。

4.5.3 云物联

云物联是基于云计算技术的物物相连。云物联可以将传统物品通过传感设备感知的信息和接收的指令联入互联网中，并通过云计算技术实现数据存储和运算，从而建立物联

笔 记

网。基于云计算和云存储技术的云物联是物联网技术和应用的有力支持，可以实时感知各个"物体"当前的运行状态，将实时获取的信息进行汇总、分析、筛取，确定有用信息，为"物体"的后续发展做出决策。

图 4-8
苹果 iCloud

图 4-9 所示是一款称为 ZigBee 系列智能开关的云物联产品，实现了基本的人与物交互，可以应用于家中、办公室、医院和酒店等场所，无论用户身处世界的哪个地方，都可以使用 Web、手机、平板电脑实现场景远程控制，让用户随时随地掌控家居照明。

图 4-9
ZigBee 系列智能开关——云物联产品

4.5.4 云安全

云安全（Cloud Security）计划是云计算技术发展过程中信息安全的最新体现，它是云计算技术的重要应用。云安全融合了并行处理和未知病毒行为判断等新兴技术，通过网状的大量客户端对互联网中软件行为的异常进行监测，获取互联网中木马、恶意程序的最新信息，并传送到服务器端进行自动分析和处理，最后把病毒和木马的解决方案分发到每一个客户端。将整个互联网变成一个超级大的杀毒软件，这就是云安全计划的宏伟目标。值得一提的是，云安全是我国企业最先提出的概念，中国网络安全企业在"云安全"的技术应用上走在了世界的前列。目前，云安全内容非常广泛，下面仅介绍 360 云安全。

360 使用云安全技术在 360 云安全计算中心建立了存储数亿个木马病毒样本的黑名单

数据库和已经被证明是安全文件的白名单数据库。360 系列产品利用互联网，通过联网查询技术，把对计算机里的文件扫描检测从客户端转到云端服务器，能够极大地提高对木马病毒查杀和防护的及时性、有效性。同时，90%以上的安全检测计算由云端服务器承担，从而降低了客户端计算机资源的占用，使计算机变得更快。360 安全卫士主菜单如图 4-10 所示。加入"云安全计划"和"网址云安全计划"，如图 4-11 所示，用户将能获得 360 文件云安全和网址云安全。

图 4-10
360 安全卫士主菜单

图 4-11
"云安全计划"和"网址云安全计划"界面

4.5.5 云办公

云办公作为 IT 业的发展方向，正在逐渐形成其独特的产业链，并有别于传统办公软件市场，通过云办公更有利于企事业单位降低办公成本和提高办公效率。

随着互联网的深入发展和云计算时代的来临，基于云计算的在线办公软件 Web Office 已经进入了人们的生活，比较有代表性的就是微软的 Office 365。进入微软中国网站，注册账号，即可体验云上的 Word、Execl 等办公软件，如图 4-12 和图 4-13 所示。

图 4-12
Office 365 Word
软件

图 4-13
Office 365 Excel
软件

Office 365 相比传统版本的 Office，实现了云端存储的同步。这对于用户来说是非常方便的事情，用户无须携带 U 盘，只要联网就能轻松享受云计算机带来的方便、快捷。用户可随时随地地使用 Office 进入办公状态。不管用户是在办公室还是在外出差，只要能够上网，Office 应用程序始终为最新版本。用户可以在 PC/Mac 或 iOS、Android 移动设备上进行创建、编辑信息并与其他人进行分享。

习 题

一、单选题

1. 云计算就是把资源都放到（　　　　）。
   A. 对等网　　　　　　　　　　　B. 因特网
   C. 广域网　　　　　　　　　　　D. 无线网
2. SaaS 是（　　　　）的简称。
   A. 软件即服务　　　　　　　　　B. 平台即服务
   C. 基础设施即服务　　　　　　　D. 硬件即服务
3. 下列（　　　　）特性不是虚拟化的主要特征。
   A. 高扩展性　　　　　　　　　　B. 高可用性
   C. 高安全性　　　　　　　　　　D. 实现技术简单
4. 云计算技术的研究重点是（　　　　）。
   A. 服务器制造　　　　　　　　　B. 资源整合
   C. 网络设备制造　　　　　　　　D. 数据中心制造
5. 将平台作为服务的云计算服务类型是（　　　　）。
   A. IaaS　　　　　　　　　　　　B. PaaS
   C. SaaS　　　　　　　　　　　　D. 3 个都不正确
6. 云计算是对（　　　　）技术的发展与应用。
   A. 并行计算　　　　　　　　　　B. 网络计算
   C. 分布式计算　　　　　　　　　D. 3 个都是

文本　习题参考答案

二、填空题

1. 云计算是一种_____模式，它将任务分布在大量计算机构成的_____上，使用户按需获取计算能力、存储空间和信息服务。
2. 对提供者而言，云计算有 3 种部署模式，即_____、_____和_____。
3. 当前云提供者可以分为三大类，即 SaaS 提供商、_____和_____。
4. _____是云计算系统的核心组成部分之一，是将各种计算及存储资源充分整合和高效利用的关键技术。
5. "_____"是"云计算"概念的子集，是云计算技术在应用层的体现。

三、简答题

1. 美国国家标准与技术研究院（NIST）是如何定义云计算的？
2. 云计算的特点是什么？
3. 列举 3 个云计算的典型应用。

单元 **5**
大数据技术

大数据时代已经到来，大数据迅速成为工业界和学术界争相讨论的热点，作为继云计算、物联网之后的又一 IT 行业颠覆性技术，大数据引起了国家层面的关注。美国政府将大数据看作"未来的新石油"，我国政府则在 2015 年正式发文《促进大数据发展行动纲要》，从国家层面引导大数据相关产业的发展。

大数据（Big Data）技术，或称巨量资料，指的是所涉及的资料规模巨大到无法通过目前的主流软件工具，在合理时间内达到撷取、管理、处理并整理成为帮助企业经营决策更积极目的的资讯。通常情况下，科学家很难直接发现海量数据中的因果关系，然而，借助大数据相关技术手段，科学家能相对容易地发现其中的关联关系。这种关联关系可以进一步指引科学家深入探究其中的因果关系。

目前，国内外各大 IT 企业，如百度、阿里巴巴、腾讯、微软和 Apache 开源组织等，均从各行业的实际需求出发，提出了大数据相关的文件系统、存储技术、大数据分析引擎等。"大数据"不仅在 IT 领域，在许多商业领域也受到了广泛关注。

文本 单元设计

PPT 5-1
大数据的诞生

微课 5-1
大数据的诞生

✎ 笔 记

5.1 大数据的诞生

大数据是在人们长期对数据研究应用的基础上，尤其是随着移动互联网、云计算、物联网等技术的深入应用并产生海量数据的情况下应运而生的，是当今时代信息技术发展的必然产物。全球知名的咨询公司麦肯锡最早提出了"大数据时代"的概念。麦肯锡称："数据，已经渗透到当今的每一个行业和业务职能领域，成为重要的生产因素。人们对于海量数据的挖掘和运用，预示着新一波生产率增长和消费者盈余浪潮的到来。"

1. 从数据到大数据

计算机早期是为军方服务的，以数值计算为主。随着时代的发展，开始演变成为民服务，也开始有了纯粹数值之外的数据类型计算。在计算过程中，所有输入计算机的数据必须首先数字化。在数字化的基础上才是数据化，所谓数据化，是指将"位"结构化和颗粒化，形成标准化的、开放的、非线性的、通用的数据，其基本单位是字节（Byte）。数据是指存储在某种介质上能够识别的物理符号（数、字符或者其他能识别的信息），是信息的载体。

首先，随着科技的进步，尤其是材料学、物理学、化学及信息学等的不断发展，数字化的手段越来越多。更重要的是，随着摩尔定律的持续发酵，数字化的成本越来越低，最终使得在可以接受的成本控制条件下，万事万物皆可基于不同的原理，从不同的角度进行数字化，这直接导致数据的类型越来越多、数据获取的渠道越来越多、数据采集的速度越来越快。

其次，移动设备的普及推动大数据的发展。人们发明创造了很多的仪器、设备甚至软件平台，其可与人类、环境进行交互，这些仪器、设备及软件平台每天都在产生大量的数据，人们每天也在享受和消费各种类型的数据，每天都生活在数据的海洋里。据统计，2015 年，全球连接互联网的设备已增至 150 亿台。现在，除了服务器、存储器、PC 或平板终端、智能手机等设备可以联网以外，超薄电视、数码相机、家用电器也开始连接互联网。尤其是智能手机的普及，使个体能够随身携带并随时随地发送大量信息的方式得以进一步推广。

此外，汇聚全世界推文的社交媒体引发了数据大爆炸。据悉，现在全球共有 45 亿多人在使用社交媒体，如国内某著名的社交媒体在全球已拥有超过 10 亿用户。在全球互联网用户中，每两人中就有一人在使用某种社交媒体。2015 年，我国网民规模已经达到 6.9 亿人，互联网普及率为 50.3%。而国际当前互联网上的数据以每年 50% 的速率增长，全球 90% 以上的数据是近几年产生的。据 IDC 于 2012 年发布的 Digital Universe 研究报告显示，截至 2020 年，全球产生的数据量将超过 40 ZB（1 ZB=2^30 TB），相当于地球上的每个人产生 5200 GB 的数据，如图 5-1 所示。

信息发送形式的改变不仅限于个人领域，也发生在企业层面。麦肯锡全球研究院的研究表明，到目前为止，已经有 70% 的企业引用了社交媒体，而这些社交媒体可能带来的商业价值达 1 兆 3000 亿美元。企业对社交媒体的高度重视，使得数据量增长的速度越来越快。

可以说，随着互联网技术的发展及互联网的持续普及，移动通信技术的快速发展使计算机历史从互联网时代进入了移动互联网时代，而这又直接推进了大数据时代的到来。

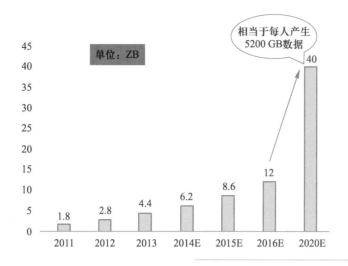

图 5-1
全球产生的数据量

2. 大数据时代

大数据时代，顾名思义，就是指利用大量数据的时代，而这些数据的数据量之大已经远远超出了我们的想象。

据 IBM 公司统计，全球每天商城的数据已经达到 2.5 EB（Exabyte，计算机存储容量单位，又称"艾字节"）。而且，目前人类生成的既存数据中，90%的数据都是在近两年内生成的，这种趋势还会逐渐加快。

根据业界的推算，到了 2020 年，全球数据将会超过 40 ZB（Zettabyte，"泽字节"），相当于 2009 年的 50 倍。

需要说明的是，这些数据中的近八成都属于非结构化数据。所谓"非结构化数据"，是指电子邮件、图像、影像等信息，包括社交媒体上的留言。结构化和非结构化数据的比例如图 5-2 所示。此外，各类视频网站的声音、影像数据，网上购物的日志数据等，大多都是非结构化数据。

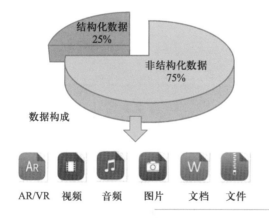

AR/VR　视频　音频　图片　文档　文件

图 5-2
结构化和非结构化数据比例

与之相反，结构化数据相当于 Excel 中的数据，包括公司的销售数据、员工基本信息等。未来，计算机擅长处理的结构化数据不会有太明显的增加，但全球非结构化数据的数据量会大幅增加。实际上，全球每秒就会生成一万多条留言，在今后的 5 年内，非结构化数据将激增至现在的 8 倍。这就是大数据时代的显著特征。

传统的企业信息系统适合收集、统计和分析结构化数据，无法用于分析非结构化数

笔 记

据，也无法应对呈井喷式涌现的数据量。因此必须改变我们的思维方式，引入与之前截然不同的成本结构和处理方式，将数据处理的技术上升到一个新的高度。

在大数据时代来临之前，人们就已经发现数据关联分析和建模，能够为精准广告营销提供数据支撑。

在营销领域一直流传着一个经典案例，那就是"啤酒与尿布"。这个故事产生于 20 世纪 90 年代美国的一家沃尔玛超市中，管理人员在分析销售数据时发现了一个令人难以理解的现象：在某些特定的情况下，啤酒与尿布两件看上去毫无关系的商品会经常出现在同一个购物篮中。这种独特的销售现象引起了超市管理人员的极大兴趣。他们经过后续调查发现，这种现象出现在年轻的父亲身上。于是，他们将啤酒与尿布摆在一起销售，两种商品的销量双双增加了。这就是关联规则算法可以解决的问题。

5.1.1 大数据的定义

我们对"大数据"一词尽管早已耳熟能详，但业内对"大数据"还未有统一的定义。"大数据"研究机构 Gartner 将"大数据"定义为需要新处理模式才能具有更强的决策力、洞察发现力和流程优化能力的海量、高增长率和多样化的信息资产。

Viktor Mayer-Schonberger（维克托·迈尔·舍恩伯格）和 Kenneth Cukier（肯尼斯·库克耶）在《大数据时代》（Big Data: A Revolution That Will Transform How We Live，Work，and Think）一书中写道：大数据不用随机分析法（抽样调查）这样的捷径，可对所有数据进行分析处理。麻省理工学院的 CesarA. Hidalgo 博士认为，大数据是指规模大、内容多、富有深度的数据集。

维基百科的定义：大数据，又称为巨量资料，指的是传统数据处理应用软件不足以处理它们的大或复杂的数据集的术语，如图 5-3 所示。

图 5-3
大数据维基百科定义

大数据也可以定义为来自各种来源的大量非结构化数据和结构化数据。从学术角度而言，大数据的出现促成了广泛主题的新颖研究。这也促进了各种大数据统计方法的发展。

具有不同价值观、应用背景、技术背景及思维方式的不同角色，都有属于自己角色特点的大数据定义。但比较认同的理解是，大数据是大到无法通过人工在合理时间内截取、管理、处理并整理成为人类所能解读的信息。

5.1.2 大数据的特征

起初，IBM 公司提出大数据具有 5V 的特征，即 Volume（大容量）、Variety（多样化）、Velocity（高速）、Value（价值密度低）、Veracity（真实性）。

但近几年来，互联网数据的不可靠性日益突出。以淘宝店铺中某产品的一致好评为例，这些数据有些靠刷单操作而来，不普遍具有可靠性，再如快递公司建设虚假海外物流查询网站，用来欺骗海购消费者，这些数据也缺乏可靠性，所以 Veracity（真实性）已经不再是大数据的特征之一。现在的 4V 特征如图 5-4 所示。

图 5-4
大数据的特征

- Volume 是指庞大的数据量，同时也是大数据特征中最重要的一项。它主要表现在，处理的数量级已经从 TB 级别到 PB、EB 甚至 ZB 级别。数据量体现在，在进行数据访问、收集、处理、整合、转换、管理、存储等操作时的数据规模之大，维度和数量之多。
- Variety 可以理解为数据的种类繁多，例如，社交网络上的视频、音频、图片都是数据的不同形式。随着互联网的高速发展，数据类型从传统的以结构化为主的状态慢慢地转变为结构化、半结构化、非结构化并存的状态。传统的非计算机领域，如心理学、行为研究学、历史学、考古学，运用大数据技术能生成特别丰富的数据集。
- Velocity 是指数据整合处理的过程中具有高速运转的特征，从而满足用户实时性的需求。如今，信息传播的方式正在发生天翻地覆的变化，用户对于数据智能化和实时性的要求也日益增加，例如直播间的主播与留言的粉丝进行互动，使用打车软件快速了解附近是否有出租车，在旅行途中将心情即时分享到微信朋友圈，通过手机 App 获取最新的股市动态。
- Value 意味着数据的价值密度低。数据的价值与 Volume（大容量）和 Variety（多样性）息息相关。一般来说，数据的价值主要取决于事件发生的规律和概率，因此通过收集尽可能多的数据及进行长时间的存储能够提高数据的价值。但是，存储的数据量越大，真正有价值的数据却越少，因此运用大数据技术提取有价值的信息变得尤为重要。

5.2 大数据相关技术

PPT 5-2
大数据支撑技术

大数据的战略意义不在于拥有庞大的数据信息，而在于对这些有意义的数据信息进行"加工处理"后获得的巨大价值。大数据的采集、传输、分析和应用离不开其他技术的支持，如物联网和云计算。

图 5-5 简要地给出了大数据流程的一般框架。一个大数据项目涉及数据的采集、存取、建模与分析，通过分析发现知识，为目标应用提供数据支撑，这些都要在数据计算架构和其他相关技术的保障之下进行。

微课 5-2
大数据支撑技术

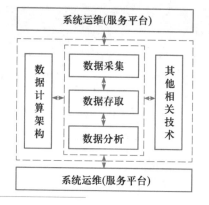

图 5-5
大数据流程的一般框架

5.2.1 大数据采集

笔记

数据采集环节关注数据在哪里及如何获得数据，其主要职能是，从潜在数据源中获取数据，并进行面向后续的数据存储、管理、分析与建模的预处理。

一般来说，大数据的来源可以分为 3 种：平台自营型数据、其他主体运营数据和互联网数据。

平台自营型数据是指大数据项目建设单位自主运维的软件平台产生的内部数据，包括软件平台生成的结构化或非结构化数据，也包括在自主运维的传感器终端通过通信获取的数据。这些数据采集的工具都来源于平台内部，多用于系统日志采集。

其他主体运营数据是指存储在其他单位服务器的外部数据。这种数据的类型和格式与平台自营型数据类似，只是往往需要通过建立在某种商业模式意义下的交换而获得。这类数据的采集，可在商务合作的基础上通过抽取转换加载（Extract-Transform-Load，ETL）实现数据的交换，或者通过对方预留数据的访问接口获取数据。

互联网数据是指散布于互联网中的数据，如门户网站、社交平台、社区论坛等数据。这种数据可以通过网络爬虫实现自动获取。

数据采集之后，需要对数据进行必要的预处理，最终使得后续的数据分析得以有效进行。数据预处理主要包括以下几个主要操作。

1. 清洗过滤

将数据中的噪声使用某种技术或者既定策略去除并弥补缺失的数据。比如在互联网数据采集中，只有征文才是采集者需要的，这时就要有相应的技术或者策略将网页中需要的区域提取出来，将其他反映网站结构的数据、广告信息数据全部去除，从而降低后续的存储负担，提高数据质量。

2. 去重

将不同数据源的数据中的重复内容过滤，这种操作在互联网数据采集中尤其必要。比如针对新闻事件的分析，相同的新闻事件往往会在不同的网站上大量转载，这种情况下，重复的数据没有更多的留存价值。

3. 建立数据的连接

从不同数据源获取数据的一个直接原因是希望通过互补的数据使对目标对象的描述更加立体和具体，从而实现多数据源交叉复用的价值。

4. 特征化提取

此阶段专注于从原始数据中提取有语义的统计特征或者结构化特征，然后将这些特征作为该数据的一个标签进行存储供后续的分析使用，比如从一段非结构化的法院公告文本中提取出有语义价值的原告、被告和判决时间等。

5. 标签化操作

标签化是大数据分析的一个典型策略和做法，预处理环节中的标签化除了需要专注于将通过特征化提取步骤获得的统计特性或者将结构化语义信息提取出来作为数据的标签外，还需要考虑对各类数据源的置信度进行评估。这样，当来自不同数据源的数据有冲突和歧义时，才能更好地进行综合研判。

5.2.2 大数据存取

数据存取关注数据在哪里及如何透明存取。

毋庸置疑，物理上，数据一定是存在本地或异地磁盘上。数据的存储一般分为集中式和分布式。相较于集中式存储，分布式存储在数据并发、负载均衡、数据安全等方面具有优势。在大数据时代，不同的应用领域在数据类型、数据处理方式及数据处理时间的要求上有极大的差异，适合大数据环境的新型数据库，如 NoSQL，得到了广泛的关注。NoSQL 数据库抛弃了关系模型，并能够在集群中运行，不用事先修改结构定义也可以自由添加字段，这些特征决定了 NoSQL 技术非常适用于大数据环境，从而得到了迅猛的发展和推进。

数据存取的核心问题：如何高效、快速地读取数据，即查询快；如何高效、快速地存储数据，即更新快。这两个目标往往存在冲突，因此为了保障数据存取的高效，"实时+批处理"往往是常用的一种策略。

5.2.3 大数据分析

数据建模与分析环节关注如何对数据建模和分析，便于人们发现数据背后的内容，实现"数据→价值"的飞跃。该环节是大数据项目开展的核心。

一般的流程主要包括数据预处理、特征提取与选择和数据建模 3 部分。

笔 记

1. 数据预处理

数据预处理主要包括数据清理、数据集成、数据规约、数据变换 4 种方法。数据清理可用来清除数据中的噪声，纠正不一致。数据集成可将数据由多个数据源合并成一个一致的数据存储，如数据仓库。数据规约可通过聚集、删除冗余特征或聚类来降低数据的规模。数据变换可把数据压缩到较小的区间，如 0~1，从而提高挖掘算法的准确率和效率。

2. 特征提取与选择

特征提取的手段和方法有很多，有的从纯粹的数学角度做高维向量向低维向量的映射，有的从语义出发，有意识地提取具有高级语义的特征向量等，目的是大范围降低计算量。在很多情况下，多组特征融合在一起时，把其中对建模具有最大贡献的部分提取出来，这个过程就是特征选择。

3. 数据建模

数据建模是从大数据中找出知识的过程，常用的手段是机器学习和数据挖掘。人们可将数据挖掘简单理解为"数据挖掘=机器学习+数据库"。从商业角度来说，数据挖掘是企业按照既定业务目标对大量企业数据进行探索和分析，揭示隐藏的、未知的规律或验证已知的规律，并进一步将其模型化。从技术角度来说，数据挖掘是通过分析从大量数据中寻找其规律的技术。

5.2.4 云计算

大数据离不开云处理，云处理为大数据提供了弹性可拓展的基础设备，是产生大数据的平台之一。

在很多技术储备均得以迅猛发展的基础上，基于 SOC/SOA（Service-Oriented Computing/Service-Oriented Architecture）框架的云计算（Cloud Computing）应用模式受到了越来越广泛的关注，并且其普及度也在逐步深入。这种应用模式满足了这样的需求：厂商将硬件资源（服务器、存储、CPU、带宽等）和软件资源（应用软件、集成开发环境等）以服务的形式按需分配给用户，用户仅需支付服务费即可，而无须像从前一样购买基础设施和应用软件授权等。

云计算的本质是一种基于互联网的应用模式。从整体上看，大数据与云计算是相辅相成的。大数据着眼于"数据"，聚焦于具体的业务，关注"数据→价值"的过程，看中的是信息积淀。云计算着眼于"计算"，聚焦于 IT 解决方案，关注 IT 基础架构，看中的是计算能力（包括数据处理能力及系统部署能力）。没有云计算的处理能力，大数据的信息积淀再丰富，也难以甚至无法落地。另一方面，云计算设计的关键技术，如海量数据存储、海量数据管理、分布式计算等，也都是大数据的基础支撑技术。

预测未来，大数据和云计算两者的关系将更为密切。除此之外，物联网、移动互联网等新兴计算形态也将一齐助力大数据革命。

5.3 大数据相关软件

大数据的复杂性给大数据分析带来了挑战，分布式计算架构可以提升计算性能，让众多计算能力不太强的计算结点，通过某种合适的策略来提升整体计算性能。大数据相关软件涵盖数据采集、数据存储、数据分析、数据可视化等环节。以大数据分析全流程为主线，相关环节的典型软件如图 5-6 所示。

微课 5-3
大数据相关软件

大数据分析全流程

Flume Kafka Sqoop	HDFS HBase Redis	MapReduce Spark Hive	R Easel.ly D3 Tableau 魔镜 Echarts
数据采集	**数据存储**	**数据分析**	**数据可视化**

图 5-6
大数据相关软件

5.3.1 Hadoop

根据不同的分布式策略和目标，目前主流的分布式计算产品有 Hadoop、Spark 等，这些产品都是基于 MapReduce 思路的。MapReduce 是 2004 年被提出的一个软件架构，其设计初衷是通过大量廉价的服务器实现大数据的并行处理。它对数据的一致性要求不高，其突出优势是具有扩展性和可用性，特别适合海量的结构化、半结构化及非结构化数据的混合处理。

Hadoop 由 Apache 软件基金会开发，是一款支持海量数据分布式处理的开源软件框架，可以让多台计算机分工处理同一项运算活动，从而大幅缩短数据处理时间。

Hadoop 以其适合处理非结构化数据、易用性、MPP-Massively Parallel Processing（大规模并行处理）等优势，成为主流技术，其最核心的设计就是 Hadoop 分布式文件系统（Hadoop Distributed File System，HDFS）和 MapReduce。HDFS 为海量的数据提供了存储，MapReduce 则为海量的数据提供了计算。Hadoop 基于 Java 语言开发，具有很好的跨平台性，并且可以部署在廉价的计算机集群中，为用户提供系统底层细节透明的分布式基础架构。

从 2008 年开始，各大 IT 公司以及很多跨国媒体都把其搜索引擎产品或其他需要进行云存储或者大数据分析的应用放到了以 Hadoop 为架构的集群上，逐步形成了 Hadoop 生态圈，如图 5-7 所示。

图 5-7
Hadoop 生态圈

① HBase（Hadoop Database）是一个高可靠性、高性能、面向列、可伸缩的分布式存储系统。利用 HBase 技术可在廉价的 PC Server 上搭建起大规模的结构化存储集群，主要用来存储非结构化和半结构化的松散数据，并且可以通过水平扩展的方式，利用廉价计

算机集群处理由超过 10 亿行数据和数百万列元素组成的数据表。

② Hive 是建立在 Hadoop 上的数据仓库基础构架。它提供了一系列的工具，可以用来进行数据提取转化加载（ETL），这是一种可以存储、查询和分析存储在 Hadoop 中的大规模数据的机制。Hive 提供的 HiveQL 语句可快速实现简单的 MapReduce 统计，也可以自动将 HiveQL 语句快速转换成 MapReduce 任务进行运行，十分适合数据仓库的统计分析。

③ Pig 是一个基于 Hadoop 的大规模数据分析平台，它提供的 SQL-LIKE 语言叫作 Pig Latin。该语言的编译器会把类 SQL 的数据分析请求转换为一系列经过优化处理的 MapReduce 运算。

④ Sqoop 是一款开源的工具，主要用于传递 Hadoop（Hive）与传统的数据库（MySQL、PostgreSQL 等）间的数据，可以把数据从一个关系型数据库导入 Hadoop 的 HDFS 中，反之也可以将 HDFS 的数据导入关系型数据库中。

⑤ Flume 是 Cloudera 提供的一个高可用、高可靠、分布式的海量日志采集、聚合和传输的系统。Flume 支持在日志系统中定制各类数据发送方，用于收集数据。同时，Flume 提供能对数据进行简单处理并写到各种数据接收方（可定制）的能力。

⑥ Oozie 是基于 Hadoop 的调度器，以 XML 的形式写调度流程，可以调度 Mr、Pig、Hive、shell、jar 任务等。

⑦ Chukwa 是一个开源的用于监控大型分布式系统的数据收集系统。它构建在 Hadoop 的 HDFS 和 MapReduce 框架上，继承了 Hadoop 的可伸缩性和健壮性。Chukwa 还包含了一个强大和灵活的工具集，可用于展示、监控和分析已收集的数据。

⑧ ZooKeeper 是一个开放源码的分布式应用程序协调服务，是 Chubby 的一个开源实现，是 Hadoop 和 HBase 的重要组件。它是一款为分布式应用提供一致性服务的软件，提供的功能包括配置维护、域名服务、分布式同步、组服务等。

⑨ Avro 是一个数据序列化的系统。它可以提供丰富的数据结构类型、快速可压缩的二进制数据形式、存储持久数据的文件容器、远程过程调用 RPC（Remote Procedure Call）。

⑩ Mahout 是 Apache Software Foundation（ASF）支持的一个开源项目，它提供了许多可扩展的机器学习领域经典算法的实现，可以帮助开发人员方便快捷地创建智能应用程序。Mahout 包含许多实现，如聚类、分类、推荐过滤、频繁子项挖掘。除此之外，使用 Apache Hadoop 库可以有效地将 Mahout 扩展到云中。

5.3.2 Spark

MapReduce 和 Hadoop 的出现实现了对大型集群进行并行数据处理。但是这些工具也存在一些不足，在不同的计算引擎之间进行资源的动态共享比较困难、迭代式计算性能比较差，只适合批处理，对关联数据的研究和复杂算法的分析效率低下。

基于以上问题，加州大学伯克利分校的 AMP 实验室推出了一个全新的统一大数据处理框架 Spark。为了克服在 Hadoop 平台上处理数据时的迭代性能差和数据共享困难等问题，Spark 提出了一个新的存储数据概念——RDD（一种新的抽象的弹性数据集）。RDD 的本质就是在并行计算的各个阶段进行有效的数据共享。RDD 是只读的、分区记录的集合，该集合是弹性的，若数据集一部分丢失，则可依赖容错机制对它们进行重建。RDD 提供内存存储接口，这使得数据存储和查询效率比 Hadoop 高很多。

与 Hadoop 的 MapReduce 相比，Spark 基于内存的运算要快 100 倍以上，基于磁盘的运算也要快 10 倍以上，Spark 可以基于内存来高效处理数据流。

Spark 支持 Java、Python 和 Scala 的 API，使得用户可以快速构建不同的应用。Spark 可以用于批处理、交互式查询（通过 Spark SQL）、实时流处理（通过 Spark Streaming）、机器学习（通过 Spark MLlib）和图处理（通过 Spark GraphX）。Spark 还可以非常方便地与其他开源产品进行融合。

Spark 高效处理分布数据集的特征使其有着很好的应用前景，现在的四大 Hadoop 发行商 Cloudera、Pivotal、MapR 及 Hortonworks 都提供了对 Spark 的支持。Spark 专注于数据的处理分析，而数据的存储还是要借助 Hadoop 分布式文件系统 HDFS、AmazonS3 等来实现。因此，Spark 可以很好地实现与 Hadoop 生态系统的兼容，使得现有 Hadoop 应用程序可以非常容易地迁移到 Spark 系统中。

笔 记

5.3.3 数据可视化

在大数据时代，数据容量和复杂性不断增加，可视化的需求越来越多。数据可视化是指将大型数据集中的数据以图形图像的形式表示，并利用数据分析和开发工具发现其中未知信息的处理过程。其核心思想是，以单个图元素表示每一个数据项，大量的数据集则构成数据图像，同时以多维数据的形式表示数据的各个属性值，这样便可从不同的维度观察数据，从而可以更深入地观察和分析数据。

目前，在音乐、农业、复杂网络、数据挖掘、物流等诸多领域都有可视化技术的广泛应用，如互联网宇宙、标签云、历史流图。常见的可视化技术有信息可视化、数据可视化、知识可视化、科学计算可视化。典型的可视化工具包括 Easel.ly、D3、Tableau、魔镜、ECharts 等。

5.4 大数据的应用

近几年，由于移动互联网、云计算、物联网等的发展，使得大数据在商业、金融、通信、医疗等行业的应用和发展不断深入，并引起广泛关注。这些领域大数据的应用直接深刻地影响着我们的生活、工作和学习。使用大数据技术对由多种类型数据构成的数据集进行分析和研究，提取有价值的信息，能帮助我们在解决问题时进行科学决策。

目前，教育、医疗、零售、电信、政府办公等已经成为大数据发展应用的重点领域，"大数据+"一词也应运而生。大数据技术的应用前景非常巨大，也必将是未来各行各业发展的主要趋势。随着理论研究的完善，技术的发展，环境的成熟，大数据技术必将开创一个产业革新的全新时代。

PPT 5-4
大数据的应用

微课 5-4
大数据的应用

5.4.1 政界大数据

1. 大数据战略

作为大数据的策源地和创新引领者之一，美国的大数据发展一直走在全球前列。2012年 3 月，美国政府发布"大数据研究和发展倡议"，推进从大量的、复杂的数据集合中获取知识和洞见的能力。该计划投资超过两亿美元，被用于相关工具与技术的开发。

美国政府发布的《2014 年大数据白皮书》中提到："大数据的爆发带给政府更大的权利，为社会创造出极大的资源，如果在这一时期实施正确的发展战略，将给美国以前进的动力，使美国继续保持长期以来形成的国际竞争力。"如今，美国社会不遗余力地进行大数据技术的发展与应用，大数据技术正催生出各个领域的变革力量。

在美国提出"大数据研究和发展计划"的 2012 年，我国科技部发布的《"十二五"国家科技计划信息技术领域 2013 年度备选项目征集指南》把大数据研究列为首位。此后，政府两会工作报告、工信部国家物联网重大应用示范工程、发改委专项、科技部国家科技支撑计划等项目均专门设立大数据研究、示范应用的项目指南。显然，大数据从一种国家意志已经上升为国家战略，并且在实施上，社会各界的关注和投入都比曾经的"信息化战略"猛烈得多。

世界上其他发达国家的政府部门也已经开始推广大数据应用，如新加坡、日本和澳大利亚均在大数据时代做出了自己相应的响应和行动。通过分析和比较这些国家的大数据应用，我们能了解当前及未来需要大数据应用聚焦和服务的地方，并为我们开展大数据应用提供借鉴。

大数据的包容性消减了政府各部门之间的信息孤岛现象，实现了数据的共享，提高了政府各机构协同办公和为民办事的效率，同时极大地提升了政府的社会治理能力和公共服务能力。通过个性化服务的不断拓展，增强了政府与社会、老百姓之间的直接双向互动和交流。"大数据"应用已成为当今政府提升执政能力、改善公共服务的重要手段和必由之路。

2. 大数据与医疗

医疗大数据是大数据增长速度最快的领域之一。大数据在健康领域的终极运用是预测医学，该项技术可以深入解析一个人的健康状况与遗传信息，使医生更好地预测特定疾病在特定个体上发生的可能性，并预测患者对于特定治疗方式的反应。

2015 年 1 月 30 日，美国推出"精准医学计划"，采集了至少 100 万位来自不同种族、不同性别和不同年龄段的志愿者的详细健康信息（医疗记录、基因组测试、移动健康数据等），用于疾病的研究与个性化药物的研发。

流感趋势（Flu Trends）正是利用关键词搜索技术来实时有效地预测流感类疾病，避免其扩散，并以此来推进流感的研究。英特尔和 Cloudera 公司利用大数据帮助大型医院有效预测患者的住院时间，从而合理地分配资源。人工智能引擎 DeepMind 与英国 Moorfields 眼科医院建立合作，对英国国家卫生服务体系（NHS）提供的超过 100 万份的匿名眼部扫描文件进行数据分析和挖掘，设计出一种算法，能更快、更早地检测出老年性黄斑变性（AMD）和糖尿病性视网膜病变（DR），从而降低病患的失明风险。

在国内，北京大学医院、北京大学计算机中心联合北京哈维香农信息技术有限公司，建立了"北京大学医院健康大数据研究中心"。该中心以人体健康、疾病预防诊疗信息为基础数据，利用大数据相关技术，能够及时对个体及群体进行健康评估、疾病诊断防治。此外，我国国家卫生综合管理信息平台，采集了各类传染病信息达几千万条、近千万人的电子健康档案数据，涉及几千万人的诊疗数据，实现了对我国基础卫生信息资源的管理，方便医疗卫生机构统计数据和各级卫生行政部门在线汇总数据。

3. 大数据与教育

大数据与教育的结合促进了教育的创新，提出了一些新的方案和思路。芝加哥公立学校使用一款 IMPACT（Instructional Management Programand Academic Communications Tool）软件，跟踪记录学生的在校表现，实现学生信息的有效管理。密歇根大学开发出了 M-STEM Academy（学习者干预系统），用于对工程系学生的课程完成情况、项目参与度等数据进行数据挖掘与分析。北亚利桑那大学采用 GPS（Grade Performance System）系统及时警告成绩、出勤率或学术成果出现问题的学生。博尔州立大学开发了一个可视化协同知识的分析应用平台，采用交互设计和信息可视化技术，在学生的协同知识建设活动中用来评估并提升合作者之间的认知。

笔 记

我国教育部门正在研究如何运用大数据相关技术来整合各类国家在线教学平台所产生的数据，以期准确广泛地研究学生的学习轨迹，深入地了解学生在学习活动中的接受效果，再根据不同的学习目标为不同的学生选择不同的学习材料，提高学生个体的学习效果。北京邮电大学建立了一个基于 Hadoop 技术的高校学生行为分析系统，以分布式存储为架构，采集校园大数据环境中的各类数据，并对其进行存储与处理，分析的结果对学校教育和教学决策起到了非常重要的支撑作用。

4. 大数据与执法

大数据带来执法手段的革新，监控及存储成本的大大降低给执法部门的数据收集和记录监控提供了极大的便利，同时为执法部门的电子证据采集、情报研判、犯罪预测提供了丰富的数据基础。

美国洛杉矶与孟菲斯警方所使用的犯罪预测软件——PredPol，在其主界面显示了一张城市地图。该软件借助各种算法，能根据某个地区过往的犯罪活动进行数据统计，计算并显示出某地发生犯罪的概率、犯罪类型及最可能犯罪的时间段。在此基础上，警方在犯罪"热点"区域加强了巡逻警力，有效降低了辖区内的犯罪数量。

5. 大数据与智能交通

智能交通系统中的固定检测器（微波雷达、电子眼）、移动探测器（装载 GPS 的出租车、公共汽车等）、各种智能终端负责采集交通信息、管控信息、营运信息、GPS 定位信息和 RFID 识别信息数据，警用地理信息系统负责对数据进行快速处理分析，以构建多个信息系统，如交通视频监控、公路车辆智能记录监控系统、交通信息采集系统等。智能交通系统旨在实时监测和协调区域内的各类交通流，确保路网交通负荷处于最佳状态，及时发现和处理各类突发事件，疏导交通。根据该系统可科学配置警力，提高应急救援和路障清理能力，从而快速有效地处理突发事件，纠正有关违法行为。

5.4.2　业界大数据

企业从来是站在科研成果与应用相结合的一线，在大数据时代也不例外。例如百度、IBM 以及 Apache 基金会等企业或机构，根据自身的成长基因都对大数据给予了不同的理解，最激动人心的是各个公司开发出的一系列创新应用。

1. 百度大数据可视化

百度智能云以"云智一体"为核心赋能各行各业，致力于为企业和开发者提供全球领先的人工智能、大数据和云计算服务及易用的开发工具。它提供的大数据可视化产品，是自助 BI 报表分析和制作可视化数据大屏的强大工具。基于百度 Echarts 提供的丰富的图表组件，开箱即用、零代码操作、无需 SQL，5 分钟即可完成数据可视化页面的搭建，在降低开发成本的同时提高业务对数据的使用效率，助力企业精准、快速决策。

2. 亚马逊个性化推荐

作为网络售书的先行者，亚马逊不仅为电商提供了可借鉴的解决方案，而且在云计算时代，还通过设备租赁方式提供虚拟化计算资源，并以企业云闻名于世。在亚马逊网站上所发生的所有行为都会被亚马逊记录，如搜索、浏览、打分、点评、购买、使用优惠券、退货等。根据这些数据不断勾画出用户的特征轮廓和需求，获取用户的喜好，通过对所获行为信息的分析和理解，制定对客户的贴心服务及个性化推荐。目前，亚马逊销售额的三分之一来自于它的个性化推荐，由此可见个性化推荐系统在亚马逊产品中的分量。

3. 沃尔玛促销

前面介绍的"啤酒+尿布"案例就是沃尔玛的经典促销。沃尔玛在对顾客的购物数据分析之后发现：男性顾客在购买婴儿尿片时，常会顺便买几瓶啤酒犒劳自己，于是将啤酒和尿布摆放在一起进行促销。另一个经典的案例是，沃尔玛超市在飓风来袭前，将 Pop-Tarts 饼干和水捆绑销售。因为通过大数据技术对消费记录进行分析，再结合当下的环境因素，可以发现特定环境下顾客的需求，并增加特定商品的库存以防止脱销。这些都得益于大数据分析。

4. 腾讯、阿里巴巴、京东、当当精准营销

近年来，众多中国互联网企业相继开展了自己的大数据应用，并推出基于大数据的精准营销服务解决方案。截至 2018 年 3 月 31 日，腾讯 QQ 月活跃账户数达到 8.05 亿，QQ 智能终端月活跃账户数达到 6.94 亿，微信和 WeChat 的合并月活跃账户数达到 10.40 亿……腾讯无疑是目前中国乃至全球最大的互联网综合服务提供商之一。在个人用户多方面海量数据不断积累的前提下，2012 年，腾讯提出了"大数据营销"的概念，通过收集消费者在网络上的各种行为（如浏览、搜索、购买、社交等记录）数据，依托大数据分析平台，结合运营规则及个性化推荐算法，进行分析挖掘和个人偏好分析，实时预测用户的意图，实现精准推荐。

事实上，除了腾讯外，百度、阿里巴巴、京东、当当等互联网公司，以及许多创新型、成长型大数据公司，都不断推出基于大数据的精准营销服务解决方案。阿里巴巴在其每年的"双十一"购物节之前，利用大数据分析平台预测顾客的需求，提前让商家和制造商备足货物。京东商城根据记录的顾客购买行为数据，如首次浏览商品和最终购买商品之前浏览了多少同类型的商品、购买之前的等待时间等数据，分析出顾客的购物心理，从而根据顾客心理适时促销，真正实现精准营销。当当网的 O+O 实体书店选书团队，会根据当当网的大数据筛选结果进行选书，并且能根据当地读者的文化水平、读书爱好等数据实现图书精准推送，这一方面减少了读者的挑选时间，另一方面也提高了购买率。而基于大数据的分析结果，有针对性地备货的销售模式，能有效解决传统书店长期存在的图书积压滞销问题。

5. 电信运营商大数据业务

电信运营商也纷纷在大数据方面挖掘价值潜力。随着移动互联网时代的到来，用户的消费习惯及行为习惯发生了很大的变化，在语音业务及短信业务逐年下降的同时，数据

业务大幅提升。这作为流量的入口，任何一家电信运营商都拥有海量的用户基础和数据基础，越来越多的运营商实施大数据业务，充分采集、整合、有效利用这些数据，为运营商的公共基础设施建设、高效运营、创新应用、服务改良提供技术支撑。

以基站建设布局及优化为例，通过对用户行为轨迹的分析，可以主动获悉某个地区内各个基站的人群分布及各个基站的通信质量负载，借此在基站建设和布局优化方面进行主动的辅助决策；通过用户的各个渠道的反馈数据能够有靶向地定位不同基站的网络质量，借此实现基站的管理优化。

5.4.3 学界大数据

由于大数据处理需求的迫切性和重要性，近年来，大数据技术已经得到了全球学术界、工业界和各国政府的高度关注和重视。很多国家政府都从国家科技战略层面提出了一系列的大数据技术研发计划，推动大数据技术的探索研究和应用。

目前，对大数据技术的特点和重要性的认识已达成共识，国内外还出现了"数据科学"的概念，即把数据处理技术视为一个与计算科学并列的新的科学领域。著名的开创性计算机科学家、图灵奖获得者、微软研究院技术院士吉姆·格雷（Jim Gray）在 2007 年的一次演讲中提出，"数据密集型科学发现（Data-intensive Scientific Discovery）"将成为科学研究的第四范式（前 3 个科学研究范式分别是实验科学、理论科学和计算科学）。当前对大数据的技术研究大致可以分为大数据的复杂性和计算模型、大数据的感知与表示、大数据的内容建模与语义理解、大数据的存储与架构体系、其他相关基础研究和支撑技术。这些研究几乎涉及了计算机科学与技术研究中的大部分研究方向。大数据与相关基础学科的交叉研究主要有大数据与脑科学、大数据与金融学、大数据与教育学、大数据与气象学等。

典型的案例：花旗银行利用 IBM 沃森计算机为财富管理客户推荐产品；美国银行通过对客户点击数据集的分析，为客户提供特色服务，如信用额度；招商银行通过对客户刷卡、存取款、电子银行转账、微信评论等行为数据的分析，定期给客户发送有针对性的广告信息。

大数据的分析结果可用来优化教育机制，帮助做出更科学的决策，将带来潜在的教育革命。目前，大数据在国内教育领域有着非常广泛的应用，主流的有慕课、在线课程、翻转课堂等。这些平台中使用的大数据工具将个性化学习终端不断融入学习资源云平台，最终实现根据每个学生的兴趣爱好和特长来定制推送相关领域的前沿技术、资讯和资源，指明学生未来职业的发展方向等，并且这些活动将贯穿每个人终身学习的全过程。

借助于大数据技术，天气预报的准确性和时效性将会大大提高。通过大数据计算平台，人们将会更加精确地了解重大自然灾害，如龙卷风的运动轨迹和危害等级，提高人们应对自然灾害的能力。

5.5 大数据的未来

大数据技术，正在改变人们的生活、工作和思考方式，发展前景非常乐观。正如麦肯锡（McKinsey）所言："如今，数据已渗透到各行各业，成为一个重要生产因素。"医学大数据的应用为疾病的预防、疾病传播的有效减少、患者寿命的延长提供了保障。运用教育大数据可以让学生更好地实现自我管理，提高学习效率，也有利于学校教学工作的整体

笔记

PPT 5-5
大数据的未来

微课 5-5
大数据的未来

安排。大数据在零售行业的应用改变了传统的营销模式，通过满足客户的个人需求来实现精准营销，给企业带来了丰厚的利润。

大数据的爆炸式增长及其应用需求的发展必然会给大数据技术带来一些困难和挑战。目前的主要困难和挑战如下。

① 目前的大数据以 ZB 级的倍数增长，这对大数据的存储能力提出了挑战。

② 越来越多的大数据类型给大数据挖掘技术带来了挑战。

③ 处理大数据所需的实时要求对大数据处理技术的速度提出了挑战。

④ 网络数据的不断增加，对大数据技术的安全性提出了挑战。

⑤ 大数据方面的人才目前还不足以满足强大的市场需求，尤其是大数据分析方面的资深人才和技术支持人才面临短缺局面。

大数据广泛使用的同时，不可避免地存在一系列问题，如数据信息被盗窃、数据处理速度不能满足数据量的增长。纵观大数据目前的发展趋势，克服大数据带来的负面因素，推动大数据背景下的产业创新已经成为社会发展的必然趋势。

习 题

一、单选题

1. 大数据的 4V 特点，即 Volume、Velocity、Variety、Value，它们的含义分别是(　　)、

文本　习题参考答案

(　　)、(　　)、(　　)。

    A. 价值密度低　　　　　　　　　B. 处理速度快

    C. 数据类型繁多　　　　　　　　D. 数据体积巨大

2. 大数据技术的战略意义不在于掌握庞大的数据信息，而在于对这些有意义的数据进行 (　　)。

    A. 数据信息　　　　　　　　　　B. 专业化处理

    C. 速度处理　　　　　　　　　　D. 内容处理

3. 大数据最显著的特征是 (　　)。

    A. 数据规模大　　　　　　　　　B. 数据类型多样

    C. 数据处理速度快　　　　　　　D. 数据价值密度高

4. 当今社会中，最为突出的大数据环境是 (　　)。

    A. 互联网　　　　　　　　　　　B. 物联网

    C. 综合国力　　　　　　　　　　D. 自然资源

5. 在大数据时代，下列说法正确的是 (　　)。

    A. 收集数据很简单

    B. 数据是最核心的部分

    C. 对数据的分析技术和技能是最重要的

    D. 数据非常重要，一定要很好地保护起来，防止泄露

二、填空题

1. 计算机信息化系统中的数据分为_____和_____，这些数据中的近八成都属

于后者。

2. 所谓"非结构化数据"，是指_____、_____、_____等信息，包括社交媒体上的留言等。

3. 大数据流程框架中，一个大数据项目通常涉及数据_____、_____和_____环节。

4. 一般来说，大数据的来源可以分为 3 种：_____、_____、_____等。

5. 从整体上看，大数据与云计算是相辅相成的，大数据着眼于_____，聚焦于具体的业务，关注"数据→价值"的过程，看中的是信息积淀。云计算着眼于_____，聚焦于 IT 解决方案，关注 IT 基础架构，看中的是计算能力（包括数据处理能力及系统部署能力）。

三、简答题

1. 简述大数据的 4V 特征。

2. 简述大数据在业界的经典案例。

3. 分析大数据和云计算之间的关系。

物联网技术

物联网的理念最早可以追溯到 1991 年的英国剑桥大学的咖啡壶事件。剑桥大学特洛伊计算机实验室的科学家在工作时，要看咖啡煮好了没有需要下两层楼，但常常空手而归，这让工作人员觉得很烦恼。为了解决这个问题，他们编写了一套程序，并在咖啡壶旁边安装了一个便携式摄像机，镜头对准咖啡壶，利用计算机的图像捕捉技术，以 3 帧/秒的速率传递到实验室的计算机上，以方便工作人员随时查看咖啡是否煮好，省去了上楼下楼的麻烦。就网络数字摄像机而言，其技术应用、市场开发及日后的种种网络扩展都源于这个世界上负有盛名的"特洛伊咖啡壶"。

1995 年，《未来之路》一书中预测了微软乃至整个科技产业未来的走势。在该书中，"物联网"的构想被首次提及，即互联网仅仅实现了计算机的联网，而未实现与万事万物的联网。书中写道："两家邻居在各自家中收看同一部电视剧，但在中间播放广告的时段，两家电视中却出现了完全不同的节目。年轻夫妇的电视中播放的是假期旅行广告，而中年夫妇家中播放的则是退休理财服务的广告。另外，当您驾车驶过机场大门时，电子钱包将会与机场购票系统自动关联，为您购买机票，机场的检票系统会自动检测您的电子钱包，查看是否已经购买机票。"

文本 单元设计

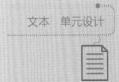

PPT 6-1
物联网的概念

PPT

微课 6-1
物联网的概念

6.1 初识物联网

·6.1.1 物联网的概念

物联网（Internet of things）的概念是在 1999 年提出的，它的定义很简单：把所有物品通过射频识别等信息传感设备与互联网连接起来，实现智能化识别和管理。国际电信联盟于 2005 年发布的一份报告曾描绘"物联网"时代的情景（如图 6-1 所示）：当司机出现操作失误时汽车会自动报警；公文包会提醒主人忘带了什么东西；衣服会"告诉"洗衣机对颜色和水温的要求等。

图 6-1
"物联网"时代情景

PPT 6-2
物联网的基本特点

PPT

微课 6-2
物联网的基本特点

物联网是通过部署具有一定感知、计算、执行和通信能力的各种设备获得物理世界的信息，通过网络实现信息的传输、协同和处理，从而实现人与物、物与物之间信息交换的互联网络。

全面感知、可靠传输和智能处理是物联网的主要特征。

1. 全面感知

全面感知是指利用无线射频识别（RFID）设备、传感器、定位器和二维码等随时随地对物体进行信息采集和获取。

全面感知解决的是人和物理世界的数据获取问题。这一特征相当于人的五官和皮肤，主要功能是识别物体、采集信息，其技术手段是利用条码、射频识别设备、传感器、摄像头等各种感知设备对物品的信息进行采集及获取。物联网全面感知图如图 6-2 所示。

图 6-2
物联网全面感知图

《盲人摸象》故事的大意是，每个盲人摸到大象身上的某一部分，都认为自己摸到的这一部分就是大象。这一故事给我们的启发是，看问题应全面，不能凭自己片面的了解而主观臆断。同样，物联网的特征之一"全面感知"即是如此，人们应将各个传感器采集到的信息进行综合分析和科学的判定，最终给出一个全面的结论。

笔 记

"全面感知"这一特征所涉及的技术有物品编码、自动识别和传感器技术。物品编码，即给每一个物品一个"身份"，使其能够唯一地标志该物体，如公民的身份证。自动识别，即使用识别装置靠近物品，自动获取物品的相关信息。传感器技术用于感知物品，通过在物品上植入感应芯片使其智能化，可以采集到物品的温度、湿度、压力等各项信息。

2. 可靠传输

可靠传输是指将各种电信网络和因特网融合，对接收到的感知信息进行实时远程传送，实现信息的交互和共享，并进行各种有效的处理。可靠传输过程中通常需要用到现有的电信运行网络，包括无线网络和有线网络。由于传感器网络是一个局部的无线网，因而3G 网络、无线移动通信网将作为承载物联网的一个有力的支撑。图 6-3 所示为无限移动通信图。

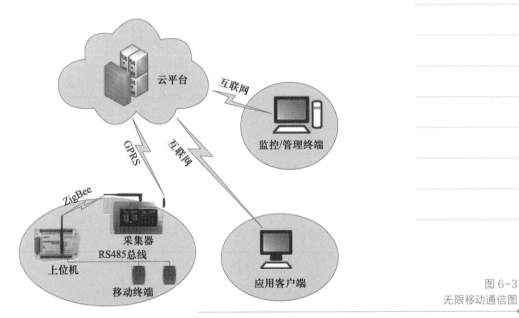

图 6-3
无限移动通信图

目前物联网上的无线设备总数已超过 100 亿台，那么物与人之间如何实现智能连接呢？在 WiFi、ZigBee、蓝牙和 NFC 等众多短距离无线方案中，WiFi 扮演着重要的角色，成为目前物联网应用非常广泛的一项技术。

随着物联网的规模扩大，现在的 WLAN 标准已经难以满足需求。由于低频段的覆盖面更大，可以支持更多的用户，功耗也相对较低，因此对物联网发展来说，1 GHz 以下的免许可频段将更为适合物联网的无线通信需求，必将成为新的焦点。

未来计划发布专门面向物联网的低频段的 IEEE 802.11ah 标准，并成为第五代 WiFi 技术标准，届时有可能会大规模应用于智能抄表、RFID 等行业，实施新一轮的技术更替。因此，1 GHz 以下频谱的规划，对物联网发展来说是件大事，更利于物联网的规模化应用。

PPT 6-3
物联网发展简史

3. 智能处理

智能处理是指利用模糊识别、云计算等各种智能计算技术，对随时接收到的跨行业、跨地域、跨部门的海量信息和数据进行分析处理，提升对经济社会中的各种活动、物理世界和变化的洞察力，实现智能化的决策和控制，如图 6-4 所示。

微课 6-3
物联网发展简史

图 6-4
智能处理

6.1.2 物联网的体系结构

PPT 6-4
物联网的体系结构

PPT

网络体系结构主要研究网络的组成部件及这些部件之间的关系，物联网的体系结构与传统网络的系统结构一样，也可采用分层网络体系结构来进行描述。

目前业界能够接受的是三层物联网体系结构，从下到上依次是感知层、网络层和应用层，这也体现了物联网的 3 个基本特征，即全面感知、可靠传输和智能处理，如图 6-5 所示。

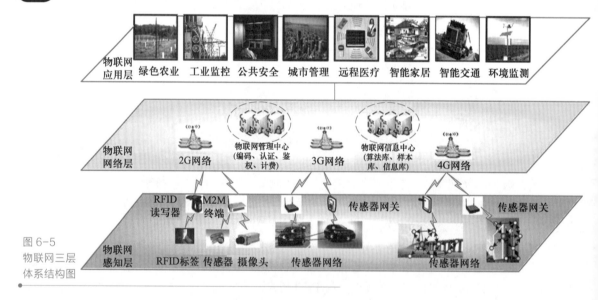

图 6-5
物联网三层
体系结构图

1. 感知层：全面感知，无处不在

感知层位于最底层，它是物联网的核心，其功能为"感知"，是信息采集的关键部分。具体来说，感知层是智能物体和感知网络的集合体。其中，智能物体上贴有电子标签，可供感知网络进行识别。同时，智能物体上还可装有多种传感器，这些传感器可以感知物体的状态信息及外部环境信息，在捕获数据信息后，感知网路就会发挥信息传输、交互通信的作用。

感知层所需要的关键技术包括检测技术、中低速无线或有线短距离传输技术等，如传感器技术、RFID 技术、二维码技术、ZigBee 技术、蓝牙等。

例如，超市里推广使用的条码识别技术，店员通过扫描仪扫一下条码就能准确了解物品是什么。结合传感器技术，我们不仅知道物品是什么，还能知道它处在什么环境下，如温度、湿度等。如今，许多科学家在研究如何将自动识别技术与传感器相结合，让物品具备自主发言能力，通过识别物品，物体会告诉人们它是什么，在哪里，温度是多少，湿度是多少，压力是多少等一系列数据。

微课 6-4
物联网的体系结构

2. 网络层：智慧连接，无所不容

网络层主要承担着数据传输的功能，由互联网、私有网络、无线和有线通信网、网络管理系统和云计算平台等组成。网络层相当于人的大脑和神经中枢，主要负责传递和处理感知层获取的信息。

在物联网中，要求网络层能够把感知层感知到的数据无障碍、高安全、高可靠地进行传送。它解决的问题是将感知层获得的数据在一定范围内尤其是远距离地进行传输。

网络层的关键技术：Internet、移动通信网、无线传感器网络。

3. 应用层：广泛应用，无所不能

应用层的任务是，对感知和传输来的信息进行分析和处理，做出正确的控制和决策，实现智能化的管理、应用和服务。

应用层是物联网和用户（包括个人、组织或者其他系统）的接口，它与行业发展应用需求相结合，实现物联网的智能化服务应用。这一层解决的是信息处理和人机界面的问题。

应用层的关键技术：M2M、云计算、人工智能、数据挖掘、中间件。

6.1.3 物联网的应用领域

物联网的应用已经非常广泛，遍及军事国防、交通管理、环境保护、智能家居、能源电力、工业监测、医疗健康、公共安全、物流管理等多个领域。

PPT 6-5
物联网的应用领域

PPT

在"物联网"时代，电缆将与芯片、钢筋混凝土、宽带整合为统一的基础设施。在此意义上，基础设施更像是一块新的地球工地，世界的运转就在它上面进行，包括社会管理、经济管理、生产运行乃至个人生活。

1. 在生活领域的应用

（1）铁道部列车车厢的管理

通过在每一节车厢都安装一个 RFID 芯片，在铁路两侧每间隔一段距离放置一个读写器，就能随时掌握全国所有的列车在铁路线路上的位置，便于列车的调度、跟踪和安全控制。

微课 6-5
物联网的应用领域

（2）第二代身份证

第一代身份证采用聚酯膜塑封，后期使用激光图案防伪。第二代身份证是非接触式

IC 芯片卡，有防伪膜、定向光变色"长城"图案、缩微字符串"JMSFZ"（"居民身份证"的汉语拼音首字母）、光变光存储"中国 CHINA"字样、紫外灯光显现的荧光印刷"长城"图案等防伪技术。

第二代身份证内藏非接触式 IC 芯片，是更具有科技含量的 RFID 芯片。芯片可以存储个人的基本信息，可近距离读取其中的资料，需要时在读写器上一扫，即可显示出个人的基本信息。而且芯片的信息编写格式内容等只能由特定厂家提供，因此防伪显著，不易被伪造。

（3）中国大部分高校的学生证

说起校园生活，除了对美好青春的向往与回忆外，学生证更是伴随我们走过那段象牙塔时光必不可少的证件。大家都知道，学生寒暑假使用学生证购买火车票享半价优惠，但中国高校众多，为此，相关部门统一采用了可读写的 RFID 芯片，里面存储了该学生乘坐列车次数的信息，每使用一次就减少一次，而且不易伪造，便于管理。

（4）一卡通

很多的一卡通也运用了物联网技术，例如，市政一卡通、校园一卡通都可以归为较为简单的物联网应用。

（5）ETC 不停车收费系统

在一些高速公路收费站，我们会发现都有一个不停车收费系统，而且无人值守。车辆只要减速行驶，不用停车就可以完成信息认证、计费，从而减少人工成本。国内较早在首都机场高速做了试点，目前在全国的很多地方都做了尝试。

2.　在其他领域的应用

除了和我们的生活息息相关的物联网技术应用，物联网技术还应用在其他各个不同的领域。

（1）设备监控

我们很多时候无法人工完成监控及调节建筑物恒温器这样的事情，这时候应用物联网技术就可以实现远程操作，甚至可以做到节约能源和简化设施维修程序。这种物联网应用的美妙之处在于，实施性强，性能基准容易梳理，改进及时。

（2）机器和基础设施维护

传感器可以放置在设备和基础设施材料（如铁路轨道）上，来监控这些部件的状况，并且在部件出现问题的时候发出警报。一些城市的交通管理部门已经采用了这种物联网技术，能够在故障发生之前进行主动维护。

（3）物流查询和追踪

物流查询和追踪技术同样已经应用到了运输业，将传感器安装在移动的卡车和正在运输的各个独立部件上，从中央系统就追踪这些货物直到结束，这样能更好地全程追踪这些运输车辆，掌握物流行程，利于实时更新物流信息，还可防止货物被盗，如图 6-6 所示。

图 6-6
物流查询和追踪

（4）集装箱环境

物联网可以用来监测集装箱环境，集装箱在运送易腐货物的时候，对周围环境的要求较高，需要控制在一定的温度或者湿度范围内。那么如何更好地监测集装箱环境显得尤为重要，我们在集装箱安装传感器，如果超出或低于正常温度，传感器就会发出警报。另外，当集装箱被弄乱或者密封被破坏的时候，传感器也会发出警报。这个信息是实时通过中央系统直接发送给决策者的，如果发生上述情况，即使这些货物是在世界各地的运输途中，也可以实时地采取应对方案。

（5）机器管理库存

大厦楼下、地铁站内的自动售卖机，还有路边常见的便携式商店，当某一种商品售空的时候，大家是否思考过商家是如何补充这些商品的呢？首先，我们可以判断出商家绝不可能一家一家地进行售卖机巡视，这样浪费时间不说，还不能及时补给。运用物联网技术可以在特定商品低于再订购水平的时候发送自动补充库存警报，这种做法可以为零售商节约成本，当收到机器提示时，派遣工作人员进行补货即可。

（6）网络数据用于营销

企业用户可以通过自主数据分析或者外包给相关公司，追踪客户在网络中的行为，从而统计出系统的数据，还可以详细地分析该客户，从而更全面地了解该客户，针对该客户制订相对应的营销方案。交易数据和物联网数据的结合，能丰富营销分析及预测，快速实施精准的营销方案。

（7）识别危险网站

商业公司提供的安全服务，可以让网络管理员追踪机器对机器的交流，追踪来自公司计算机的互联网网站访问，揭示公司计算机定期访问的"危险"网站和 IP 地址。实践表明，这样会降低病毒入侵的风险。这种实施比较简单，企业可以即刻开始，因为这种"观察"服务是云厂商提供的。

（8）无人驾驶卡车

在一些边远地区，交通条件和气候条件可能都比较恶劣，给石油和天然气开采行业的施工带来一些不可抗力的影响，此时企业可运用具有物联网技术的无人驾驶卡车，这种卡车可以远程控制和远程通信。这样施工方无须派遣人员进行作业，从而减少工程事故的发生，同时减少运营成本。

笔 记

（9）WAN 监控

WAN 监控（如图 6-7 所示）是针对局域网内的计算机进行监视和控制的，包括针对局域网内部计算机进行上网监控以及非上网相关行为的内网监控，网络和互联网不仅成为企业内部的沟通桥梁，也是企业和外部进行各类业务往来的重要管道。

图 6-7
WAN 监控

6.1.4 物联网未来的发展趋势

PPT 6-6
物联网未来的发展趋势

PPT

1．以电子与建筑行业为切入点，产业链合力做多

独立程序化操作的自动化空调、洗衣机、电视机和各种智能化建筑，电子行业及建筑行业都将是未来物联网发展应该切入的起点和重点。对科技界来说，是第三次信息革命；对商家来说，是无所不在的电子商务；对电信运营商来说，是产业融合带来的信息化应用；对企业来说，是上千亿元的"蛋糕"。社会各界对物联网的理解各有不同，说明它的应用范围广泛，我们想要挖掘物联网的价值，产业链合力做多是未来的发展趋势。

2．应用将由分散走向统一

微课 6-6
物联网未来的发展趋势

物联网的发展尽管处于各自为战的状态，但技术的成熟度为物联网的快速发展提供了物质基础。目前，电子元器件技术作为传感网发展的基础，工艺已经成熟，且价格便宜，已经普及开来。另外，物联网的产业分工也非常明确，有专门做电子标签和射频识别的企业，也有专门做各种传感元器件的企业等。随着物联网的发展，诸多产业链上的企业，其生产的产品将越来越多地被凝聚在一起，应用将由分散走向统一。电信运营商作为产业链中的重要参与者，将对应用的推广和整合起到非常重要的作用。

3．物联网的终极目标

形成全球物互联的理想状态是物联网的最终目标，物联网的各个局部网应用可先各自发展，最后形成一个事实的标准，从小网联成中网，再联成大网，逐渐解决遇到的各种问题。届时，物联网的产业链几乎可以包容现在的信息技术和信息产业相关的各个领域。

6.2 物联网关键技术

6.2.1 RFID 技术

RFID 技术作为物联网的重要一员，已发展多年，并在众多的领域中应用，如图 6-8 所示。RFID 具有识别环境适应性强、距离远、体积小、信息量大等优点，可广泛应用于各个行业，如零售、物流、国防等行业。

PPT 6-7
RFID 技术

图 6-8
RFID 示意图

1. RFID 技术简介

RFID 技术，全称为 Radio Frequency Identification，也叫无线射频识别，俗称电子标签。它是一种通信技术，可通过无线电信号识别特定目标并读写相关数据，不需要识别系统与特定目标之间进行机械或光学接触。

带有 RFID 的物品经过读写器时，被读写器激活，并通过无线电波将标签中携带的信息传送到读写器及计算机系统，完成信息的自动采集工作。计算机应用系统则会根据需要进行相应的信息控制和处理工作。其识别工作无须人工干预，可用于各种恶劣环境。

RFID 是继条形码技术之后变革物流配送、产品跟踪管理模式及商品零售结算的一项新技术。RFID 系统主要由 RFID 标签、RFID 读写器、计算机应用系统组成。RFID 系统结构如图 6-9 所示。

微课 6-7
RFID 技术

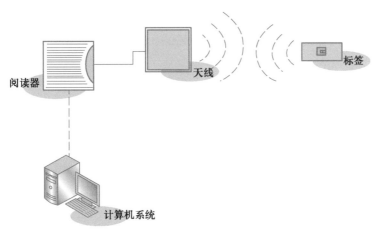

图 6-9
RFID 系统结构

2. RFID 的分类

RFID 的分类有多种方式，可以按工作频率、供电方式、应用范围、数据读写类型等进行分类。

（1）按电子标签工作频率分类

RFID 按电子标签工作频率的不同，通常可以分为低频、中高频、超高频和微波等不同种类。

1）低频标签

低频标签的频率一般在 30 k～300 kHz 之间。低频系统标签的特点是成本低，形状多样，但保存的数据量比较小，而且阅读距离相对较短，阅读天线缺乏稳定的有效方向。因此，低频系统主要适用于门禁系统等对技术要求相对不高的环境。

2）中高频标签

中高频标签的频率一般在 3 M～30 MHz 之间。中高频标签内存数量比较大，阅读速度中等，但是其标签及阅读器的成本比较高，同时阅读天线缺乏较强的方向性，因此适合运用于门禁系统、电子身份证及智能卡的工作环境。

3）超高频标签

超高频标签的标签为软衬底，基本特点是标签内存进一步增大，阅读距离比较远，而且阅读速度很快，但标签和阅读器的成本很高，目前主要运用于火车车皮监视及零售系统。

4）微波标签

微波标签工作于 2.45 GHz 的频段。微波标签的天线是方向性的，有助于确定被动式和半被动式标签的读取区。由于微波波长更短，微波天线更容易设计成和金属物体一起发挥作用的形式。微波频段上的带宽更宽，同时跳频信道也更多。但是，微波频段存在较多的干扰，原因在于很多家用设备，如无绳电话和微波炉，也使用这个频率，政府尚未就RFID 微波频段的应用进行分配。

（2）按供电方式分类

电子标签根据供电方式的不同，可分为无源标签（Passive Tag）、半有源标签（Semi-Passive Tag）和有源标签（Active Tag）3 种。

1）无源标签

无源标签不含电池，它接收到读写器发出的微波信号后，利用读写器发射的电磁波提供能量。

无源标签的特点是重量轻，体积小，寿命长，较便宜，而且不需要维护，但阅读距离会受到读写器发射的能量和标签芯片功能等因素的限制。

2）半有源标签

半有源标签内带有电池，但电池仅用于维持标签内的电路或远距离工作时供电，电池能量消耗很少。

3）有源标签

有源标签工作需要的能量全部由标签内部的电池供应，而且它可用自身的射频能量主动发送数据给读写器，阅读距离很远，可以达到 30 m，缺点是寿命有限，价格昂贵。

（3）按应用范围分类

按应用范围的不同，可以分为闭环和开环。

1）闭环

闭环主要用于企业内部，类似企业的内部网，不和外界产生联系。

2）开环

开环主要用于符合国际标准的大规模应用场景，简单说来就是用户购买标签并附着在物品上，接着将这些带有标签的物品交付给另外一个用户的应用场景。

（4）按数据读写类型分类

根据电子标签数据读写类型的不同，可分为唯读卡（RO）、一次写入多次读出卡（WORM）、可读写卡（RW）。

1）唯读卡

标签内一般只有只读存储器（ROM）、随机存储器（RAM）和缓冲存储器。

2）可读写卡

可读写卡有非活动可编程记忆存储器。这种存储器除了具有存储数据的功能外，还具有在适当条件下允许多次写入数据的功能。

3．RFID 技术的应用

RFID 技术经历几十年的发展，已经非常成熟，在我们的日常生活中随处可见。RFID 标签具有唯一性、高安全性、易验证性和保存周期长的特点，用于商品生产、流通、使用等各个环节中，记录着商品的各项信息。RFID 技术广泛应用于交通领域、医疗领域、防伪技术领域、物流领域、安全防护领域、管理与数据统计领域，如图 6-10 所示。

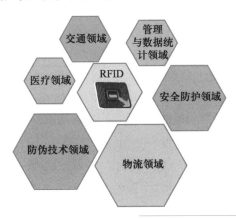

图 6-10
RFID 应用场景图

（1）交通领域

在欧美等一些高速公路发达的国家中，收费站通常既有半自动收费车道，又有不停车收费车道。

在今后很长的一段时间内，半自动收费方式尤其是磁卡（IC 卡）收费方式，仍将长期存在并发挥重要作用。

（2）医疗领域

北京协和医院在国内的综合医疗实力一直处于领先地位，该院以提高特殊药物管理

笔记

为目的，率先与兴华展开了合作。兴华提供的 RFID 药物输送及安全解决方案，成功地支持了北京协和医院药物信息系统正式上线，在用药安全、特殊药物输送及库存管理等方面真正建立起信息网络化管理模式。

（3）物流领域

物流系统一般分为 4 个环节，即入库、库存管理、出库、运输。由于 RFID 物流系统使用 RFID 标签作为物流系统的依托，所以 RFID 标签在商品生产过程中的嵌入显得尤为重要。RFID 物流系统中非常关键的一步就是把 RFID 标签在生产环节中嵌入。

（4）安全防护领域

在中国城市汽车保有量迅速增加的情况下，车辆的管理已成为一个难题。如何对车辆进行识别是对车辆进行有效管理的核心问题。

使用射频识别技术的门禁系统，可以有效地对车辆识别，使门禁管理实现智能化、高效化。

纵观全球的 RFID 产业，我国已经在高频应用领域占据了世界第一的位置，形成了芯片设计、制造、封装和读写器设计、制造、应用的成熟产业链。这得益于中国强大的人口基数，如二代身份证、交通卡、门禁卡等。

商场的条形码识别技术是一种典型的自动识别技术。售货员通过扫描仪扫描商品的条形码，获得商品的名称、价格，在输入商品的数量后，后台 POS 系统即可计算出该批商品的价格，从而完成顾客购物的结算。当然，顾客也可以采用银行卡支付的形式进行支付，银行卡支付过程本身也是自动识别技术的一种应用形式。

4．RFID 发展趋势

近年来，为提高企业经济效益，改善人们的生活质量，加强公共安全及提高社会信息化水平，我国已经将 RFID 技术应用于身份证和票证管理、铁路车号识别、公共交通、动物标识、特种设备与危险品管理及生产过程管理等多个领域。

就技术而言，在未来的几年中，RFID 技术将继续保持高速发展的势头。电子标签、读写器、系统集成软件、标准化等方面都将取得新的进展。随着关键技术的不断进步，RFID 产品的种类将越来越丰富，应用和衍生的增值服务也将越来越广泛。

（1）生物特征识别将成为 RFID 的关键技术

随着嵌入式人脸识别技术的成熟，生物特征识别技术被列为 21 世纪对人类社会带来革命性影响的十大技术之一。近几年来，国内外已开发并应用了人脸识别、掌形识别、声音识别、签字识别、指纹识别、眼虹膜识别等人体生物特征的鉴别。这两年，生物识别技术已部分应用到安全、海关、金融、军队、机场、安防等多个重要行业及领域，同时还应用到了智能门禁、考勤等民用市场。

（2）标签产品多样化

RFID 芯片设计与制造技术的发展趋势是芯片功耗更低，作用距离更远，读写速度与可靠性更高，成本不断降低。芯片技术将与应用系统整体解决方案紧密结合。

（3）RFID 安全性不断增强

当前广泛使用的 RFID 系统尚没有可靠的安全机制，难于对数据进行很好的保密，因此不少 RFID 开发服务商正全面投入研究，将来强大的编码、身份认证等技术会得到更为广泛的研发和应用，今后若想对 RFID 进行破坏、克隆等都会非常困难。同时，未来有关 RFID 的法律会被制定实施，RFID 数据将会受到法律的保护。

（4）与其他产业融合

RFID 技术将与条码、生物识别等自动识别技术，以及通信、互联网、传感网络等信息技术融合，构建一个无所不在的网络环境。海量 RFID 信息的传输、处理和安全性对 RFID 的系统集成和应用提出了新的挑战。RFID 系统集成软件将向智能化、嵌入式、可重组的方向发展。构建 RFID 公共服务体系，将使 RFID 信息资源的组织、管理和利用更为深入和广泛。

6.2.2 传感器技术

传感器技术是物联网的基础技术之一，处于物联网架构的感知层。

传感器是一种能把特定的被测信号按一定规律转换成某种可用信号并输出的器件或装置，以满足信息的传输、处理、记录、显示和控制等要求。

传感器转换后的信号大多为电信号。因而从狭义上讲，传感器是把外界输入的非电物理量转换成电信号的装置，如图 6-11 所示。

PPT 6-8
传感器技术简介

PPT

图 6-11
传感器示意图

1. 传感器的组成

国家标准 GB/T 7665—2005《传感器通用术语》中对传感器下的定义是"能感受规定的被测量并按照一定的规律转换成可用信号的器件或装置，通常由敏感元件和转换元件组成"，如图 6-12 所示。

图 6-12
传感器的组成

敏感元件直接感受被测量，并对被测量进行转换输出。转换元件将敏感元件的输出转换成便于传输和测量的电参量或电信号。

辅助电源为调理电路和转换元件提供稳定的工作电源。调理电路则对转换元件输出的信号进行放大、滤波、运算、调制等，以便于实现远距离传输、显示、记录和控制。

微课 6-8
传感器技术简介

2. 传感器技术的分类

传感器的种类非常多，可根据能量关系、工作原理、输出信号、制造工艺、测量目、构成、作用形式等进行分类。

（1）按能量关系

按能量关系，传感器可分为能量转换型和能量控制型。能量转换型直接将被测量转换为电信号（电压等），如热电偶传感器、压电式传感器。能量控制型是先将被测量转换

笔 记

为电参量（电阻等），在外部辅助电源的作用下才能输出电信号，如应变式传感器、电容式传感器。

（2）按工作机理

按工作机理，传感器可分为结构型和物性型。结构型是基于某种敏感元件的结构形状或几何尺寸（如厚度、位置等）的变化来感受被测量的。如电容式压力传感器，当被测压力作用在电容器的动极板上时，电容器的动极板发生位移而导致电容发生变化。物性型是利用某些功能材料本身具有的内在特性及效应来感受被测量的。例如，利用石英晶体的压电效应实现压电式压力传感器。

（3）按输出信号

按输出信号，传感器可分为模拟型和数字型。模拟型输出连续变化的模拟信号。例如，感应同步器的滑尺相对定尺移动时，定尺上产生的感应电势为周期性模拟信号。数字型输出"1"或"0"两种信号电平。例如，用光电式接近开关检测不透明的物体，当物体位于光源和光电器件之间时，光路阻断，光电器件截止并输出高电平"1"；当物体离开后，光电器件导通并输出低电平"0"。

3. 传感器技术的应用

PPT 6-9
传感器技术的应用

PPT

随着电子计算机、现代信息、军事、交通、宇航等科学技术的发展，对传感器的需求量与日俱增，其应用已渗入到国民经济的各个部门及人们的日常生活之中。传感器的应用领域如图 6-13 所示。

微课 6-9
传感器技术的应用

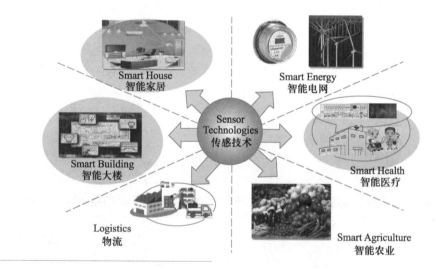

图 6-13
传感器的应用领域

（1）智能交通

智能交通统一应用平台包括人体传感网、气象传感网、车辆传感网、道路传感网，可以实现人体生理监测、局部气象监测、车辆状态监测、道路监测。

智能交通实现的前提是全面的感知、及时可靠的传送、智能应用平台的信息聚合处理和应用。智能交通示意图如图 6-14 所示。

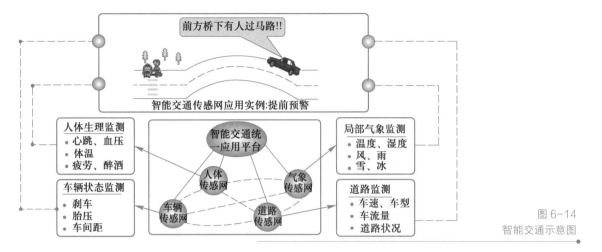

图 6-14
智能交通示意图

（2）家居生活

人身上可以安装不同的传感器，用于对人的健康参数进行监控，并且可实时传送到相关的医疗保健中心。如果有异常，保健中心会通过手机提醒用户去医院检查身体，如图 6-15 所示。

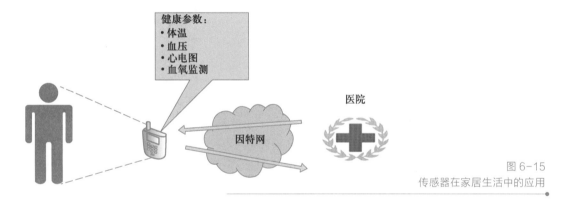

图 6-15
传感器在家居生活中的应用

（3）智能农业

智能农业是传感器的典型应用。给放养的每一只羊都贴上一个二维码，这个二维码会一直保存到超市出售的肉品上，消费者可通过手机扫描二维码知道牲畜的成长历史，确保食品安全，如图 6-16 所示。我国已有 10 亿存栏动物贴上了这种二维码。

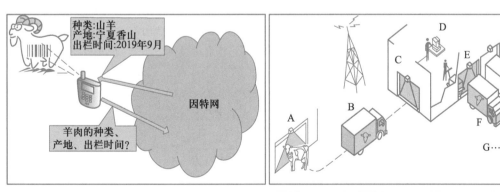

图 6-16
传感器在农业中的应用

• 6.2.3 GPS 技术

GPS 作为最新型的定位技术正在广泛地应用于军事、科学、汽车定位及生活中的手机定位等。GPS 的诞生使我们的生活发生了巨大的变化，科学研发也有了很大的突破，GPS 使很多事情变得更精准化、工作效率化。GPS 的灵活、方便使它的应用范围变得广泛起来。

1. GPS 技术简介

GPS（Global Position System，全球定位系统）是一种将卫星定位和导航技术与现代通信技术相结合的，能够全时空、全天候、高精度、连续实时地提供导航、定位和授时的系统。GPS 卫星定位图如图 6-17 所示。

目前，全球主要有 4 个 GPS 系统：中国 BDS、美国 GNSS、欧盟 Galileo 和俄罗斯 GLONASS。中国北斗卫星导航系统（简称北斗系统，BDS）属于自主研发、独立运行的全球卫星导航系统，它为全球用户提供全天候、全天时、高精度的定位、导航和授时服务，如图 6-18 所示。

图 6-17
GPS 卫星定位图

图 6-18
北斗卫星导航系统（BDS）

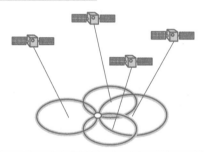

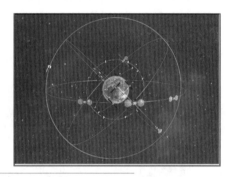

北斗系统由空间段、地面段和用户段 3 部分组成。其中，空间段由若干轨道卫星组成；地面段包括注入站、主站和监测站等设施；用户段则由与其他卫星导航系统有良好兼容性的终端组成。

北斗系统已在交通运输、农林渔业、水文监测、气象测报、电力调度、救灾减灾、公共安全等领域得到广泛应用。

2. GPS 的技术特性

（1）GPS 的构成

GPS 由 3 部分构成：空间部分、地面控制系统和设备部分。

- 空间部分。GPS 的空间部分由 24 颗工作卫星组成，它位于距地表 20200 km 的上空，均匀分布在 6 个轨道面上（每个轨道面 4 颗），轨道倾角为 55°。
- 地面控制系统。地面控制系统由监测站、主控制站、地面天线所组成。地面控制系统负责收集由卫星传回的信息，并计算相对距离、大气校正等数据。
- 设备部分。设备部分即 GPS 信号接收机。其主要功能是能够捕获按一定卫星截止角所选择的待测卫星，并跟踪这些卫星的运行。

（2）GPS 的发展历程

GPS 是如何发展起来的呢？下面介绍 GPS 的发展历程。

- 1957 年，苏联发射了史波尼克（Sputnik）人造卫星，它是人类历史上的第一颗人造卫星。
- 1960—1970 年，美国和苏联开始研究将军事卫星用于导航。
- 1974 年，美国和苏联的军方对 GPS 做了整合，即我们现在所熟知的 Navstar 系统。
- 1980 年开始，所有 Navstar 系统的商业运用均由美国海岸防卫队负责，GPS 则成为美国国家导航信息服务的一环。

3. GPS 的分类

GPS 有很多种类，根据用途可分为测地型、导航型、授时型；根据载波频率可分为单频 GPS 和双频 GPS。

（1）按用途分类

按用途可分为导航型 GPS、测地型 GPS 和授时型 GPS。

导航型 GPS 主要用于运动载体的导航，它可以实时给出载体的位置和速度。测地型 GPS 主要用于精密大地测量和精密工程测量。这类仪器主要使用载波相位观测值进行相对定位，定位精度高。授时型 GPS 主要利用 GPS 卫星提供的高精度时间标准进行授时，常用于天文台及无线电通信中的时间同步。

（2）按载波频率分类

按载波频率分类，可分为单频 GPS 和双频 GPS。

单频 GPS 只能接收 L1 载波信号，测定载波相位观测值以进行定位。单频 GPS 只适用于短基线，即适用于小于 15 km 的精密定位，原因是不能有效消除电离层的延迟影响。

双频 GPS 可以同时接收 L1、L2 载波信号。双频对电离层的延迟不一样，可以消除电离层对电磁波信号的延迟的影响，可用于长达几千千米的精密定位。

4. GPS 技术的应用

GPS 可以用于陆地、海洋、航空航天等应用领域，为船舶、汽车、飞机、行人等运动物体进行定位导航。

PPT 6-11
GPS 技术的应用

PPT

（1）陆地

陆地应用主要包括工程测量、变形监测、车辆导航、大气物理观测、地壳运动监测、市政规划控制等。

（2）海洋

海洋应用主要包括海洋救援、水文地质测量、船只实时调度与导航、进港引水、海洋平台定位与海平面升降监测。

微课 6-11
GPS 技术的应用

（3）航天航空

航天航空应用主要包括低轨卫星定轨、飞机导航、航空遥感姿态控制、航空救援和载人航天器防护探测等。

笔 记

6.3 物联网应用案例

PPT 6-12
智能物流

微课 6-12
智能物流

•6.3.1 智能物流

1. 基本概念

所谓"智慧的地球",其含义为把新一代 IT 技术充分运用在各行各业之中,这也是 IT 产业下一阶段的任务。具体地说,就是把感应器嵌入和装备到电网、油气管道、铁路、供水系统中,形成所谓的"物联网",然后将现有的互联网与"物联网"整合起来,实现人类社会与物理系统的整合。在这个整合的网络当中,存在能力超级强大的中心计算机群,能够对整合网络内的人员、设备和基础设施实施实时的管理和控制,在此基础上,人类能够以更加精细和动态的方式管理生产和生活,达到"智慧"状态,改善人与自然间的关系,提高资源利用率和生产力水平。

什么是智能物流呢?智慧物流是利用集成智能化技术,使物流系统模仿人的智能,从而具有感知、思维、学习、推理判断和自行解决物流中某些问题的能力,即在流通过程中获取信息并分析信息,做出决策,使商品从源头开始被跟踪与管理,实现信息流快于实物流。智能物流在功能上要实现 6 个"正确",即正确的数量、正确的质量、正确的货物、正确的地点、正确的时间、正确的价格;在技术上要实现地点跟踪、物品溯源、物品识别、物品监控、实时响应。图 6-19 所示为智能物流示意图。

图 6-19
智能物流示意图

2. 主要技术

(1) 自动识别技术

自动识别技术是以计算机、通信、机、光等技术的发展为基础的一种高度自动化的数据采集技术,是通过应用一定的识别装置,自动地获取被识别物体的相关信息,并提供给后台的处理系统来完成相关后续处理的一种技术。

它能够帮助人们快速而又准确地进行海量数据的自动采集和输入,在运输、配送、仓储等方面已得到广泛的应用。

经过近 30 年的发展,自动识别技术已经发展成为由条码识别技术、射频识别技术、智能卡识别技术等组成的综合技术,并正在向集成应用的方向发展。

条码识别技术利用光电扫描设备识读条码符号，从而实现信息自动输入。它是目前使用最广泛的自动识别技术。

条码是由一组按特定规则排列的条、空及对应字符组成的表示一定信息的符号。不同的码制，其组成规则不同。较常使用的码制有 128 条码、EAN/UPC 条码、ITF-14 条码、交插二五条码、库德巴条码等。

（2）数据挖掘技术

数据仓库出现在 20 世纪 80 年代中期，它是一个集成的、面向主题的、非易失的、时变的数据集合。在数据仓库中，可将结构相异、来源不同的数据经加工后进行提取、存储和维护，它支持大量的、全面的复杂数据的分析处理和高层次的决策支持。

数据仓库使用户拥有任意提取数据的自由，而不干扰业务数据库的正常运行。数据挖掘是从不完全的、大量的、模糊的、有噪声的及随机的实际应用数据中，挖掘出未知的、隐含的、对决策有潜在价值的知识和规则的过程。

一般有描述型数据挖掘和预测型数据挖掘两种。描述型数据挖掘包括数据总结、聚类及关联分析等。预测型数据挖掘包括回归、分类及时间序列分析等。

数据挖掘的目的是对数据进行统计、综合、分析、归纳和推理，揭示事件间的相互关系，预测未来的发展趋势，为企业的决策者提供决策依据。

（3）人工智能技术

人工智能就是探索研究用各种机器模拟人类智能的途径，使人类的智能得以物化与延伸的一门学科。它借鉴仿生学思想来模仿生物体系和人类的智能机制，用数学语言抽象描述知识。人工智能进行探索和研究的主要方法有粒度计算、神经网络和进化计算 3 种。

神经网络是在生物神经网络研究的基础上模拟人类的形象直觉思维，根据神经网络和生物神经元的特点，通过简化、归纳，提炼总结出来的一类并行处理网络。

神经网络的主要功能包括分类聚类、联想记忆和优化计算等。虽然神经网络具有可解释性差、结构复杂、训练时间长等缺点，但具有对噪声数据的高承受能力和低错误率的优点，以及各种网络训练算法（如规则提取算法和网络剪枝算法）的不断提出与完善，使得神经网络在数据挖掘中的应用越来越被广大用户所青睐。

（4）GIS 技术

GIS 是打造智能物流的关键技术与工具。使用 GIS 可以构建物流图，将订单信息、送货信息、网点信息、客户信息、车辆信息等数据在一张图中进行管理，实现快速智能分单、送货路线合理规划、网点合理布局、包裹监控与管理。

GIS 技术可以帮助物流企业实现基于地图的如下服务。

① 网点标注。

将物流企业的网点及网点信息（如电话、地址、提送货等信息）标注到地图上，便于用户和企业管理者快速查询。

② 片区划分。

从"地理空间"的角度管理大数据，为物流业务系统提供业务区划管理基础服务，如划分物流分单责任区等，并与网点进行关联。

③ 快速分单。

使用 GIS 地址匹配技术可搜索定位区划单元，将地址快速分派到区域及网点，并根

笔记

据该物流区划单元的属性找到责任人以实现"最后一千米"配送。

④ 车辆监控管理系统。

车辆监控管理系统可实现的功能：从货物出库到送达客户手中进行全程监控，减少货物丢失；各种报警设置，保证货物司机车辆的安全，节省企业资源；合理调度车辆，提高车辆利用率。

3. 未来的智能物流

无人机送货是未来智能物流发展的潜在方向。

（1）全球范围的技术进步将开启智能物流新时代

智能物流是利用智能设备、集成智能化技术等使物流系统能模仿人的智能，具有学习、思维、感知、推理判断和自行解决物流中某些问题的能力。在世界范围内，随着物联网、仓储机器人、机器视觉、无人机等新技术的应用，物流自动化技术正在以较快的速度发生变革。我们认为，物流领域是自动化技术发展最迅速、最活跃的板块之一，并且海外的先进技术正在向国内涌进，进一步刺激了国内物流自动化率的快速提升。近年来，物流自动化主要技术创新包括三大方向：高效分拣抓取、KIVA 式"货到人"拣选和无人货物配送。

（2）"货到人"订单拣选：实现对传统仓储作业的颠覆

电商快递业的迅速发展将带动对"货到人"智能设备的需求。一般认为，电商仓储物流发展所面临的关键问题，是如何实现订单的高效精准拣选和快速响应。近两年来，各大主流电商快递企业不断加大创新，纷纷加大对仓储自动化技术的投入，如实现"货找人"的订单拣选。亚马逊推出了 KIVA 机器人，国内外的一些企业纷纷在 KIVA 的基础上陆续推出"货找人"订单拣选系统，以达到成本的节约和效益的提升的目的。

（3）分拣机器人：实现无人机仓储最关键的一步

机器人拣选作业是指由机器人来进行品种拣选。如果物品的形状各异，品种多，机器人需要具有多功能机械手和图像识别系统，机器人每到一种物品托盘前就可根据图像识别系统"看到"物品形状，采用与之相应的机械手抓取，然后放到托盘上。一旦这些智能化的分拣机器人应用于工厂、电子商务、物流等行业，将极大地提高仓储管理的工作效率，压缩人工成本。

（4）货物配送：机器人和无人机都将成为可能

无人机送货可以实现同城物流的偏远地区快递业务和加急业务，进一步开辟物流行业的细分市场，使终端、物流网点之间的流转获得更高效率，提升企业在配送领域的竞争能力。众多快递企业发展的一大障碍是庞大的快递队伍及用工难的问题，而无人机送货在运营成本上大幅降低，可以实现大量人力的节约。

【示例】 近几年来，顺丰、京东等主流电商快递企业纷纷开始进行无人机配送的实地测试。2015 年 11 月，Starship 公司推出了一种专门用来小件货物配送的"盒子机器人"。"盒子机器人"配置了一系列摄像头和传感器，能够安全行走在人行道上，会在指定的时间从物流中心出发，穿越大街小巷，来到顾客家门口完成快递任务。经过 3000 小时的测试之后，该种机器人于 2016 年 3 月实现交付使用，并于 2017 年启动全面商业运作。

6.3.2 智能交通

智能交通是一个基于现代电子信息技术的面向交通运输的服务系统。以信息的收集、发布、处理、分析、交换、利用为主线，为交通参与者提供多样化的服务是智能交通的主要特点。

PPT 6-13
智能交通

1. 基本概念

智能交通系统（Intelligent Transportation System，ITS）是未来交通系统的发展方向，它是将数据通信传输技术、信息技术、电子传感技术、控制技术及计算机技术等有效地集成运用于整个地面交通管理系统而建立的一种全方位发挥作用的大范围内的准确、实时、高效的综合交通运输管理系统。图 6-20 所示为智能交通图。

微课 6-13
智能交通

图 6-20
智能交通图

2. 主要应用

目前，智慧交通应用主要体现在如下几个方面。

（1）建设高清视频监控系统

建设高清视频监控系统可完善电子警察、卡口、交通信息分析、信号控制、交通事件检测、移动警务等系统，协助交通管理人员维护交通秩序，进行交通指挥调度，遏制交通违法，协助公安人员进行刑侦处突、治安防控等。

（2）建设交通态势分析系统和交通诱导发布系统，进行道路交通流量分析

通过态势分析系统和交通流量分析，实时分析当前城市的道路拥堵情况，并通过诱导发布系统发布道路实时状况。民众在了解道路拥堵状况后可以合理地选择出行线路，减轻局部拥堵严重的情况。另外，配合交通诱导发布系统，还可以实时提醒车辆前方路段的异常情况，提前绕行。

（3）建设 GPS 监控系统

建设 GPS 监控系统可实现对"两客一危"车辆的定位监控、档案管理、实时调度等多方面综合信息的管理，有效地遏制绕道行驶、车辆超速、应急响应慢等问题，充分实现车辆综合信息的动态管理，进一步提高车辆的动态监控和应急指挥调度能力，提高车辆管理水平和管理效率，为车辆的安全行驶和科学管理提供保障。

（4）建设公交车监管系统

建设公交车监管系统可有效监视乘客逃票、治安监控和司乘人员窃取票款行为。如

笔记

果车辆在运营过程中发生碰撞或者刮擦等交通事故，公交车监管系统可辅助辨别事故责任，摆脱公交车辆运营处于"看不见、听不见"的落后状态。

（5）建设城市停车诱导管理系统

城市停车诱导管理系统可将非路边停车资源和路边停车资源通过网络化及智能化等技术手段进行有序管理，提高驾驶员的使用方便性，规范收费流程，简化收费员的工作。通过手机 APP 或路边车位诱导屏，向驾驶员实时提供停车场位置、诱导路径和剩余车位等信息，引导驾驶员停车，减少驾驶员寻找停车车位和场所的时间消耗，降低车辆行驶所引起的道路拥挤、尾气排放、噪声污染等，使停车不再困难。

（6）建设车联网系统

互联网公司在无人驾驶领域动作频频，利用数据沉淀、自身技术、资本的优势及成熟的互联网思维，不断推出车联网产品和解决方案，抢占市场，在智慧交通行业发展中起到重要作用。

3. 智能交通未来的发展趋势

（1）交通运行态势精确感知和智能化调控

从目前的交通运行态势来看，虽然人们可以在高德地图或者百度地图上实时查到交通拥堵情况，但精确的感知和实时交通数据的融合还远远没有完成，如停车数据、气象数据、手机通信数据、收费数据等都没有形成有效的大数据。随着智能交通技术的进一步提升，会给交通数据的采集带来很大的变革，能逐步实现智能化控制交通和运行态势的精确感知。例如公安部即将推行的电子车牌，实际上就是在每辆车上装一个 FID 标签，这样在车辆的行驶过程中就能够通过路测的浏览器清楚地了解车主的行车轨迹，采集有效的交通数据，实现数据的共享和流转。图 6-21 所示为未来车辆智能控制图。

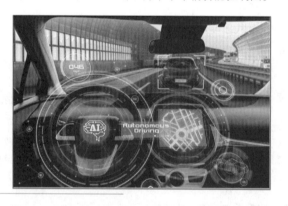

图 6-21
未来车辆智能控制图

（2）载运工具智能化与人车路的协同

随着汽车智能化程度的日益提升，今后必须要思考的问题是适应智能汽车发展的交通应做哪些相应的变革。就现阶段来说，部分车已经能够实现辅助驾驶或者自动驾驶，但这部分车在行驶过程中不免受到其他非智能汽车的干扰，给行车过程造成危险。针对这样的问题，以后必定会在一些城市道路或者高速公路上专门为智能车设计专用的车道，这样道路的通过能力就会提高。为了适应汽车智能化的改变，必须将整个人车路的体系配套，这也是智能交通技术需要研究的重要方向。

（3）基于移动互联的综合交通智能化服务

随着移动互联网应用的增多，目前出现了滴滴打车等打车软件，还有定制化公交等服务，人们的出行模式在逐渐发生着变化。如果未来自动驾驶汽车得到普及，或许就不需要买车，人们实现出行的重要方式可以是直接租赁，这样停车难的问题也会迎刃而解。根据国外的调查和实验，采用这种方式可以节约80%～90%的停车用地。此外，以后的交通信息服务会发展成如众包模式的信息服务，该服务只提供一个平台，具体交通信息由大家共同来提供。当然随着交通方式的改变，支付方式也会相应地发生一定的变化，在未来，无论是高速收费、公交刷卡还是停车收费都会通过一个统一的支付体系更方便快捷地完成支付。在交通控制系统领域，交通控制策略会从最开始的区域控制、模型驱动向自动驾驶汽车的自主控制发展，现有的红绿灯系统也会相应地被取消。

（4）物流交通会向协同方向发展

目前来说，物流在 GDP 里面占的比重还很大。未来，运输的协调、车辆集散及动态信息的共享，都会向协同的方式发展。目前涉及最多的主动安全防控技术，已经实现了GPS 的实时跟踪，接下来会向交通系统运行状态安全状态辨识、应急响应与快速联动技术方向发展。另外，未来的发展方向还包括主动安全保障技术和交通状态的研判。目前来说，在发改委、科技部、交通部包括工信部的支持下，我们已经进行了标准化的工作和项目的研究，其中包括安全方面的、V2X 通信方面的，以及高速公路方面的。

习 题

一、单选题

1. RFID 按电子标签工作频率的不同，可以分为低频、中高频、超高频与微波等不同类型。我国居民的第二代身份证采用的是（　　）RFID 技术。

　　A. 低频　　　　　B. 中高频　　　　　C. 超高频　　　　　D. 微波

2. （　　）技术是一种新兴的近距离、低复杂度、低功耗、低传输率、低成本的无线通信技术，是目前组建无线传感器网络的首选技术之一。

　　A. Zigbee　　　　B. Bluetooth　　　　C. WLAN　　　　　D. WMEN

3. 智能电网是实现"电力流、信息流、业务流"的高度（　　）的现代化电网。

　　A. 共享　　　　　B. 互通　　　　　C. 融合　　　　　D. 集成

4. 3 层结构类型的物联网不包括（　　）。

　　A. 感知层　　　　B. 网络层　　　　C. 应用层　　　　D. 会话层

5. RFID 属于物联网的（　　）。

　　A. 感知层　　　　B. 网络层　　　　C. 业务层　　　　D. 应用层

二、填空题

1. 物联网的英文是_____。

2. 物联网的主要特征包括_____、_____、_____。

3. RFID 是一种_____技术。

4. RFID 标签的分类按工作频率分有_____、_____、_____、_____。

5. 全球定位系统由_____、_____、_____3 部分组成。

三、简答题

1. 为什么物联网被称为具有"智能性"？

2. 试述如何应用 RFID 技术来进行食品安全管理。

3. 举例说明我们身边的传感器（5 项以上）。

4. 简述无线传感器网络的特征。

5. 物联网当前主要运用在哪些方面？

单元 7

移动互联网技术

移动互联网是当前信息技术领域的热门话题之一，它将移动通信和互联网这两个发展最快、创新最活跃的领域连接在一起，并凭借数十亿的用户规模，开辟了信息通信业发展的新时代。据中国互联网络信息中心（CNNIC）2018 年 1 月发布的《第 41 次中国互联网络发展状况统计报告》显示，截至 2017 年 12 月，我国网民规模达 7.72 亿人，整体网民规模增速持续放缓。而手机网民却保持着良好的增长态势，规模达到 7.53 亿人，较 2016 年底增加了 5734 万人。网民中使用手机上网人群的占比由 2016 年的 95.1%提升至 97.5%，网民手机上网比例继续攀升。移动互联网领域由于其巨大的潜在商用价值深为业界所看重。

移动互联网体现了"无处不在的网络、无所不能的业务"的思想，它改变的不仅是接入手段，也不仅是对桌面互联网的简单复制，而是一种新的能力、新的思想和新的模式，并将不断催生出新的业务形态、商业模式和产业形态。

目前，移动互联网正在改变着人们的生活、学习和工作方式，人们可以通过随身携带的移动终端（如智能手机、平板电脑、可穿戴设备等）随时随地获取互联网服务。

文本　单元设计

PPT 7-1
移动互联网的概念和
特点

微课 7-1
移动互联网的概念和
特点

笔 记

7.1 移动互联网

7.1.1 移动互联网的概念

移动互联网是移动通信和互联网融合的产物，是互联网的技术、平台、商业模式、应用与移动通信技术结合并实践的活动的总称。移动互联网的发展使得人类的社会生活愈加丰富多彩，它融合信息服务、生活娱乐服务、电子商务、新媒介传播平台和公共服务等诸多服务为一体，为人类的生活提供了诸多便利。

移动互联网的核心是互联网，因此一般认为移动互联网是桌面互联网的补充和延伸。传统互联网的接入设备主要是 PC，即个人计算机；移动互联网的接入设备主要是移动终端，如手机、平板电脑等。

7.1.2 移动互联网的特点

与传统互联网相比较，移动互联网具有如下几个鲜明的特点。

1. 应用轻便

移动设备方便、快捷，能满足消费者简单、精准的用户体验。例如，移动设备具有语音通话功能。在追求便利高效的当今社会，移动通信用户不会接受在移动设备上采取复杂的类似 PC 输入端的操作，而是通过对设备的摇摆、手指对屏幕的触动进行功能项的操作。

2. 具有定位功能

目前，绝大部分的手机具有定位系统。移动智能手机可以通过 GPS 卫星定位，或者通过基站进行定位。例如，不管是微博、微信，还是手机拍摄的照片，它们所携带的位置信息可使传播的信息更加精准，同时也产生了众多基于位置信息的服务。

3. 高便携性

移动终端不仅仅是智能手机、平板电脑，还有可能是智能眼镜、手表、服装、饰品等各类随身物品。它们属于人体穿戴的一部分，随时随地都可使用，因此，人们花费在移动设备上的时间一般高于使用 PC 的时间。

4. 安全性更加复杂

安全性一直是用户高度关注的重点，智能手机已经成为人们生活的一个组成部分，和个人生活紧密相关，而且它被随身携带，更容易暴露人们的隐私，很容易成为安全隐患。

例如，智能手机容易泄露用户的电话号码和朋友的电话号码，可能泄露短信信息及存储在手机中的图片和视频。更为复杂的是，智能手机的 GPS 定位功能可以很方便地对用户进行实时跟踪。

而智能手机中的电子支付功能、远程支付的密码泄露、近场支付的安全隐患，使智能手机正在成为"手雷"，给社会生活的安全带来巨大的问题。

5. 具有私密性

和计算机相比，手机更具私密性，也和个人的身份密切相关。智能手机中的电话号码就是一种身份识别，若广泛采用实名制，则也可能成为信用体系的一部分。这意味着智能手机时代的信息传播可以更精准，更有指向性，同时也具有更高的骚扰性。

以上 5 个特点构成了移动互联网与桌面互联网完全不同的用户体验生态。移动互联网已经完全渗入人们生活、工作、娱乐的方方面面。

7.1.3 移动互联网的架构

移动互联网包括移动终端、移动网络和应用服务 3 个要素。下面从业务体系和技术体系两方面来介绍移动互联网的架构。

PPT 7-2
移动互联网的架构

PPT

1. 移动互联网的业务体系

目前来说，移动互联网的业务体系主要包括三大类，如图 7-1 所示。

- 桌面互联网业务复制。通过桌面互联网的业务向移动终端复制，从而实现移动互联网与桌面互联网相似的业务体验，这是移动互联网业务的基础。
- 移动通信业务的互联网化。移动通信业务的互联网化可使移动通信的原有业务互联网化，如意大利 3 公司与 Skype 合作推出的移动 VoIP 业务、中国移动的飞信业务等。
- 移动互联网创新业务。结合移动通信与互联网功能而进行的有别于桌面互联网的业务创新，是移动互联网业务的发展方向。移动互联网的业务创新关键是如何将移动通信的网络能力与互联网的网络与应用能力进行聚合，从而开发出适合移动互联网的互联网业务，如微博、微信、移动位置类的互联网业务等。

微课 7-2
移动互联网的架构

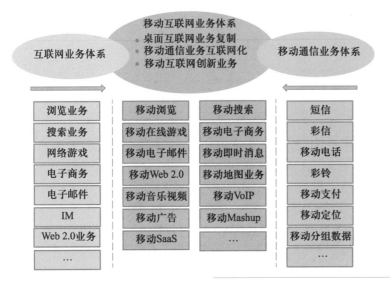

图 7-1
移动互联网的业务体系

2. 移动互联网的技术体系

移动互联网作为当前空旷的融合发展领域，与广泛的技术和产业相关联。纵览当前移动互联网业务和技术的发展，主要涵盖 6 个技术领域，如图 7-2 所示。

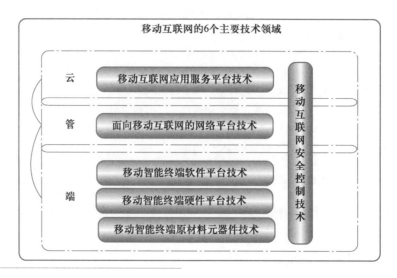

图 7-2
移动互联网的技术体系

- 移动互联网应用服务平台技术。
- 面向移动互联网的网络平台技术。
- 移动智能终端软件平台技术。
- 移动智能终端硬件平台技术。
- 移动智能终端原材料元器件技术。
- 移动互联网安全控制技术。

7.1.4 移动互联网的发展现状及趋势

PPT 7-3
移动互联网的发展现状
及趋势

1. 我国互联网的发展现状

2017 年，移动互联网主要呈现 3 个特点：服务场景不断丰富，移动终端规模加速提升，移动数据量持续扩大。

首先，各类综合移动应用平台不断融合社交、信息服务、金融、交通出行及民生服务等功能，打造一体化服务平台，扩大服务范围和影响力；中国形成了全球最大的移动互联网应用市场，截至 2017 年 12 月底，共监测到 403 万款移动应用，移动应用市场规模达到 7865 亿元。

其次，智能手机市场虽趋于饱和，但智能硬件、智能终端却增长迅猛。智能机器人、无人机、智能家居、自动驾驶等领域实现了较大的技术突破。以手机为中心的智能设备，成为"万物互联"的基础，车联网、智能家电促进"住行"体验升级，构筑个性化、智能化应用场景。

微课 7-3
移动互联网的发展现状
及趋势

最后，在互联网整体规模及网民规模趋于稳定的同时，海量移动数据成为新的价值挖掘点。移动互联网用户总量增长放缓，但提速降费带来了用户结构优化，数据流量成倍增长。2017 年，中国移动互联网接入流量达 246 亿 GB，全年用户平均移动互联网接入流量达到 1775 MB，是 2016 年的 2.3 倍。庞大的数据量与"大数据"处理技术深度结合，为移动互联网产业创造了更多的价值挖掘空间。

2. 我国移动互联网的发展趋势

《中国移动互联网发展报告（2018）》中指出：未来，移动互联网将继续为中国改革开放培育新增长点，形成新动能，深耕海外、造福世界各国人民的步伐也会越来越大。

（1）移动互联网助推数字经济全面加速发展

党的十九大提出要发展数字经济、共享经济，培育新增长点，形成新动能。移动互联网技术与云计算、大数据、人工智能等技术的深度融合，不断创新服务模式及产业形态，重构传统产业领域，将为数字经济提供动力，推动中国数字经济进入快车道。

（2）移动互联网打造大规模垂直化新业态

如果说前期移动互联网的垂直化发展还多是"小而美"的产品和服务，下一阶段，移动互联网将进入推动传统产业向大规模垂直化新业态发展的阶段。移动互联网企业一方面加大对垂直领域的深度拓展，在教育、医疗、娱乐、交通等垂直领域形成"独角兽"企业；另一方面，移动互联网巨头跨界发展，通过并购、投融资等手段，不断形成规模化的垂直行业新业态。

（3）移动互联网推动全球经济一体化进程

技术的发展趋势不可阻挡，先进的产品和优质的服务是赢得市场的根本。中国互联网企业已经积累了大量出海的成功经验，形成多种出海模式，海外拓展的步伐不会停滞。中国政府倡导的构建人类命运共同体的理念得到国际社会越来越多的认同，中国一贯坚持和平发展主张，在"一带一路"建设中坚持共商、共建、共享，最终实现各方共赢，这是我国移动互联网成功走向世界的价值观优势。

（4）移动互联网向万物互联、智能互联跨越

中国的 5G 网络研发走在世界前列，将提供前所未有的用户体验和物联网连接能力，人工智能、移动物联网等技术的发展应用，将推动各种智能终端与移动互联网连接。移动互联网将向着万物互联、智能互联的方向跨越。社会生产组织方式将加速向定制化、分散化和服务化转型，车联网、移动医疗、工业互联网等垂直行业应用将迎来爆发。

（5）智能硬件产业将有较大突破

越来越多的物体会成为移动互联网连接对象，智能可穿戴设备、智能家居、智能机器人等会更广泛地进入大众生活，同时智能硬件也将与医疗、交通、能源、教育等传统行业深度融合。全社会将兴起机器人热潮。

7.2 移动智能终端

移动智能终端表示拥有开放的操作系统、良好的安装和卸载多种应用程序与数字内容的终端，现在移动智能终端的主流产品大部分是智能手机、平板电脑、可穿戴设备等。

7.2.1 智能手机

智能手机，指具有独立操作系统的，除了具备手机的通话功能外，还可以由用户自行安装软件、游戏等第三方服务商提供的程序的手机。智能手机有丰富的功能，成为人们随时随地查找资讯、处理工作、保持沟通、进行娱乐的移动平台。

1. 智能手机的特点

- 具备无线接入互联网的能力：需要支持 GSM 网络下的 GPRS、CDMA 网络的 CDMA1X、3G 网络或者 4G 网络，甚至 5G。
- 具有 PDA 的功能：包括 PIM（个人信息管理）、日程记事、任务安排、多媒体应用、浏览网页。
- 具有开放性的操作系统：拥有独立的核心处理器（CPU）和内存，可以安装更多的应用程序，使智能手机的功能可以得到无限扩展。
- 人性化：可以根据个人需要扩展机器功能。根据个人需要，实时扩展机器内置功能，以及进行软件升级，智能识别软件兼容性，实现了软件市场同步的人性化功能。
- 功能强大：扩展性能强，第三方软件支持多。
- 运行速度快：随着半导体业的发展，核心处理器（CPU）发展迅速，使智能手机在运行方面越来越极速。

2. 智能手机发展介绍

世界上第一款智能手机是 IBM 公司在 1993 年推出的 Simon（如图 7-3 所示），它也是世界上第一款使用触摸屏的智能手机，使用 Zaurus 操作系统，只有一款名为 DispatchIt 的第三方应用软件。它为以后的智能手机处理器的研发奠定了基础，有着里程碑的意义。

2007 年 1 月 10 日，在 MacWorld 大会上，苹果公司正式发布了首款苹果智能手机 iPhone（如图 7-4 所示）。iPhone 突破性地加入了电容控制的理念，并将革命性的多点触控功能融入其中。结合 iOS 操作系统，用户可以用双手更加简单地操作手机。自此，智能手机的发展开启了新的时代，iPhone 也成为引领业界的标杆产品。

图 7-3
IBM Simon

图 7-4
首款苹果智能手机 iPhone

第一代iPhone

转眼 iPhone 已经问世十多年，从 2007 年的初代 iPhone 开始至今已经发布了多款 iPhone（如图 7-5 所示）。iPhone X（如图 7-6 所示）经彻底重新设计，采用超级视网膜显示屏和 A11 仿生芯片（具有两个高性能核心和 4 个高能效的核心），并且使用面部识别技术，经典的 Home 按键被取代，面容 ID 功能为设备解锁、身份验证和支付带来了一种安全可靠的新方式。

图 7-5
历代 iPhone 手机

图 7-6
iPhone X 手机

2008 年，HTC 和运营商 T-Mobile 一起推出首款基于 Android 操作系统的智能手机 HTC Dream G1。G1 向人们展示了 Android 系统手机的风采，并显现出了 Android 系统的强大扩展能力。同年，诺基亚发布了基于塞班操作系统的 N79、N85 及 5800 手机，并且销售成绩出色。但随着 Android 系统手机的成熟及 WP 系统的更换，诺基亚销量飞速下滑，之后更是销声匿迹。

笔 记

2010 年 3 月，三星 Si9000 发布。其经典的外观是现代安卓手机的雏形，屏幕的底部只有一个方块状的实体按键，左右两侧分别是功能键和返回键。该手机搭载了 ARM Cortex-A8 处理器、512 MB 内存，最主要的是配备了一块 1600 万色、4.0 英寸（1 英寸=2.54 厘米）的超大电容显示屏。

与此同时，国产手机也开始在世界的舞台崭露头角。2011 年 10 月，小米 1（如图 7-7 所示）正式发布。小米的出现拉低了智能手机的价格，并开创了新的销售方式。小米的创业方式，引领了后来国产手机的百花争艳。2014 年 9 月 4 日，华为在柏林发布了 Mate7（如图 7-8 所示）。Mate7 配备了 6 英寸的 1080 p 屏幕，采用了全金属机身，具有指纹解锁和支付功能。硬朗的外观，让很多商务人士趋之若鹜。在发布后 6 个月的时间里，Mate7 累计销售量已超过 400 万台，这是华为走上高端手机的第一步，也是国人重新认识国产手机的第一步。2016 年 10 月 25 日，小米 Mix（如图 7-9 所示）在全球业界提出了"全面屏"的概念，正面采用了一块 6.4 英寸的超大屏幕，而机身面积却和 5.5 英寸的 iPhone 7 Plus 相当，屏占比高达 91.3%，从正面看上去几乎全是屏幕。小米虽不是第一个制作出异形屏手机的厂商，但是提出"全面屏"概念的第一个。

图 7-7
小米 1

图 7-8
华为 Mate7

图 7-9
小米 Mix

3. 智能手机的操作系统

PPT 7-5
智能手机的操作系统

微课 7-5
智能手机的操作系统

应用在智能手机上的操作系统主要有 Android（安卓）、iOS（苹果）、Windows Phone（微软）、Symbian（塞班）、BlackBerry（黑莓）等。目前，Android（安卓）和 iOS（苹果）占据市场的绝对主导地位。据研究公司 Gartner 的数据显示，2017 年全球销售的智能手机中，99.9%都是基于 Android 或 iOS 平台的，BlackBerry 和 Windows Phone 这两款操作系统的份额加起来也不过 0.1%。Android 和 iOS 的市场占有率分别是 85.9%与 14%，iPhone 在手机市场中主要迎合高端市场。国内目前销量最好的手机厂商（如华为、小米、一加、中兴、OPPO、vivo、联想、魅族、360、TCL、酷派等）所使用的操作系统，均基于 Android 进行定制改造。其较强的用户体验、开放的平台、更加丰富的硬件选择、与 Google 应用无缝结合等特点使得其市场占有率持续攀升，但是也存在稳定性不高，应用软件品质参差不齐等不足。

下面主要介绍 iOS 和 Android 两种最主流的操作系统。

（1）iOS

iOS 是由苹果公司开发的手持设备操作系统。苹果公司于 2007 年 1 月 9 日正式发布 iOS，它以 Darwin（Darwin 是苹果公司以 Mac OS X 和 FreeBSD 为基础研发的开源操作系统）为基础研制，现已成为应用最广的智能终端操作系统之一。iOS 具有较强的用户体验，可操作性、可管理性，丰富的应用程序等特点。但同时，系统的封闭性成为限制其发展的主要原因。

（2）Android

Andy Rubin 于 2003 年在美国创办了一家名为 Android 的公司，其主要经营业务为手机软件和手机操作系统，后于 2005 年被收购。30 多家技术和无线应用的领军企业组成的开放手机联盟，于 2007 年 11 月 5 日正式推出了基于 Linux 2.6 标准内核的开源手机操作系统，命名为 Android，现已成为应用非常广的手机操作系统。

7.2.2 平板电脑

平板电脑也叫便携式计算机（Tablet Personal Computer）简称 Tablet PC、Flat PC、Tablet、Slates，是一种小型、方便携带的个人计算机，以触摸屏作为基本的输入设备。它拥有的触摸屏（也称为数位板技术）允许用户通过触控笔或数字笔来进行作业而不是传统的键盘或鼠标。用户可以通过内建的手写识别、屏幕上的软键盘、语音识别或者一个真正的键盘（如果该机型配备的话）实现输入。平板电脑的概念在 2002 年由微软公司提出。平板电脑就是一款无须翻盖、没有键盘、小到可放入女士手袋，但是功能却齐备的 PC。

平板电脑发展到今，大致形成了以苹果公司产品为代表的 iPad 和以微软公司产品为代表的 Surface。2010 年 1 月 27 日，平板电脑出现了革命性的变化。苹果公司发布旗下平板电脑产品 iPad（如图 7-10 所示）。该产品对平板电脑的设计理念和目标市场进行了重新思考，以优雅的工业设计，触摸式屏幕输入方式，超强的娱乐和游戏功能与有很强竞争力的价格，彻底颠覆了传统的平板电脑。

微课 7-6
认识移动智能终端之平
板电脑

PPT 7-6
认识移动智能终端之平
板电脑

图 7-10
苹果公司的平板电脑 iPad

2012 年 6 月，微软公司正式发布了 Surface 系列平板电脑，如图 7-11 所示。与 iPad 相比，Surface 兼容 Windows 操作系统，可运行完整的 Office 套件，可在 OneNote 等应用程序中画图和做笔记，能像使用纸张一样使用，并且多了 USB 接口、触控笔、D 形 HDMI 接口、扬声器、磁性电源接口，还有外接键盘，是 PC 终端机和平板电脑的中间体，更具开放性，便于商务使用。

在平板领域，Android 阵营中一直缺少一款最具代表性的平板，直到 2015 年 9 月才发布了一款 Android 系统旗舰平板电脑 Pixel C（如图 7-12 所示）。该款平板电脑具有金属外壳、高清屏幕及 USB Type-C 接口，并且配有磁吸式的全尺寸键盘，主要是为商务办公而准备。当时被用户誉为"最强 Android 平板"。然而，这款经典之作却在 2018 年初宣布退出市场。据分析，其退市原因主要是用户对智能手机的需求远大于平板电脑，且用户购买平板电脑无非就是娱乐或办公，相比 Android 操作系统，苹果公司的 iPad 和微软公司的 Surface 在这些方面更具优势。

图 7-11
Microsoft Surface
系列平板电脑

图 7-12
Google 平板电脑 Pixel C

2018 年 3 月 28 日，苹果公司在芝加哥举办的教育活动中推出了最新款 iPad，它支持 Apple Pencil（此前 Apple Pencil 仅支持 iPad Pro 使用），除此之外，性能进一步提升，新的 iPad 支持与 iPad Pro 一样的压感体验，能实现像素级别的精准度和低延迟。另外苹果公司此次为 Pages 文稿、Numbers 表格、Keynote 讲演新增了笔记、画草图等功能。这些特性让 iPad 脱离键盘也能完美使用。

平板电脑在很长一段时间内扮演了更大屏幕的智能手机和更加便携的生产力工具这两大角色，如今向下被手机抢占市场，向上被个人计算机性能碾压，市场销量不容乐观，自 2014 年以来连续多年销售量下跌。随着未来更具竞争力、更具创新精神及体验更加出色的产品出现，平板电脑市场将会触底反弹，引来新一轮的发展。

7.2.3 可穿戴设备

可穿戴设备指应用穿戴式技术对人们日常的穿戴进行智能化配置，将各种传感、识别、连接和云服务等植入人们的眼镜、手表、手环、服装、鞋袜等日常穿戴中（如图 7-13 所示），通过这些可穿戴设备可以实现用户感知能力的拓展。

PPT 7-7
认识移动智能终端之可
穿戴设备

微课 7-7
认识移动智能终端之可
穿戴设备

图 7-13
智能穿戴设备

主流的可穿戴设备产品形态包括以手腕为支撑的 Watch 类（包括手表和腕带等产品），以脚为支撑的 Shoes 类（包括鞋、袜子或者将来的其他腿上佩戴产品），以头部为支撑的 Glass 类（包括眼镜、头盔、头带等），以及智能服装、书包、拐杖、配饰等各类非主流产品形态。这些技术设备将与移动应用沟通，用新的方式提供信息，在医疗、体育健身、休闲娱乐等方面推出产品和服务。下面将从以下 3 方面介绍可穿戴设备产品。

1. 可穿戴医疗设备

（1）Embrace 智能腕带

Embrace 智能腕带（如图 7-14 所示）是由初创公司 Empatica 推出的一款专门为患有癫痫的病人设计的智能腕带，可以帮助预测癫痫发作。腕带上布置一些小电极，可透过皮肤传送微弱电流，然后测量汗腺受刺激情况，再与其他手段（如监测患者心理压力、睡眠、身体活动）结合起来监测癫痫发作。

（2）Fever Scout 蓝牙智能体温贴

Fever Scout 蓝牙智能体温贴（如图 7-15 所示）基于 eSkin 电子皮肤技术研发而成，是一个由柔性硅树脂和聚氨酯制成的小贴片，贴片通过一次性医用胶带贴到身体上，并通过蓝牙发射器与配对的智能手机通信。打开 App，Fever Scout 会报告病人当前的体温，精确到 0.1℃。父母可自行设置高温报警的温度值，当孩子的体温达到设定的温度时，手机会立刻报警。

图 7-14
Embrace 智能腕带

图 7-15
Fever Scout
蓝牙智能体温贴

（3）Helius 智能药丸

Helius 智能药丸（如图 7-16 所示）是由初创公司 Proteus 数字医疗公司研发的一种可吞服性智能药丸。Helius 智能药丸实际上是可消化性微芯片。该芯片随着药物被吞食，可以被人的肠胃吸收，配合外部贴在皮肤上的贴片，Helius 就可以在人的体内实时监测各种人体体征，如心率、呼吸、是否服药等。收集到的数据会被传送到用户的手机上，医生可以随时观察患者的身体状态和用药的依附性，方便观察病情及制订更个性化的医疗方案，从而建立高效的目标疗法。

图 7-16
Helius 智能药丸

2. 可穿戴健身设备

（1）Fuelband SE

如今，各种健身激励机制已成为很多人运动的助力。Fuelband SE（如图 7-17 所示）是一款基于蓝牙 4.0 技术的运动手环，配备 LED 灯来显示内容，将用户的运动量折合为 Fuel 点数，并且每隔 1 小时就会提醒用户进行运动。

（2）Moov

Moov 像一位贴身教练，能够分析用户的位置与姿势（力度、角度、速度等一系列数据），支持 Siri 的它会实时告诉用户如何调整步子、伸展臂膀、身体略向后倾、脚中部着地缓冲压力等，帮助用户科学完成健身目标，避免受伤。Moov 外形美观，是一个状似手表的轻薄小圆盘（如图 7-18 所示），配带方便。根据运动类型的不同，用户可以将 Moov 戴在手腕上、脚踝上，卡在自行车脚踏板上，通过 BLE 低耗蓝牙与移动设备匹配，对活跃用户而言，续航可为 8～10 小时。

图 7-17
Fuelband SE

图 7-18
Moov 可穿戴设备

（3）SmartMio

SmartMio 是全球首款可穿戴运动肌肉刺激器，使用时只需要将设备置于想要瘦身的部位，即可通过手机进行设备操控，实时查看肌肉情况，如图 7-19 所示。

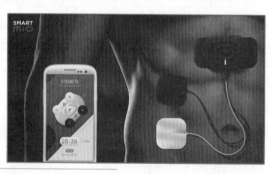

图 7-19
SmartMio 可穿戴运动肌肉刺激器

3. 可穿戴休闲娱乐设备

（1）微软 HoloLens 全息眼镜

微软 HoloLens 全息眼镜是微软公司推出的一款头戴式增强现实装置，可以完全独立使用，无须线缆连接，无须同步计算机或智能手机。HoloLens 是融合 CPU、GPU 和全息处理器的特殊眼镜，通过图片影像和声音，让用户在家中就能进入全虚世界，以周边环境为载体进行全息体验。用户可以通过 HoloLens 以实际周围环境为载体，在图像上添加各种虚拟信息。无论是在客厅中玩 Minecraft 游戏，还是查看火星表面，甚至进入虚拟的知名景点，通过 HoloLens 都可成为可能，如图 7-20 所示。

图 7-20
HoloLens 模拟游戏

（2）Valedo 游戏可穿戴设备

Valedo 是由瑞士医疗科技公司 Hocoma 研发的一款背部可穿戴医疗设备，主要用于患有背部或者下背部疼痛及相关疾病的人群。这款智能设备工作运行时需要两个传感器搭配一个游戏平台、一个智能连接模块和一个云平台。

用户需要把两个小传感器贴在背部和胸部（如图 7-21 所示），通过 Android 或者 iOS 平台的应用，进入游戏平台，根据游戏中给出的示范完成相应的动作，从而进行背部锻炼来缓解患者的疼痛并预防疾病。

游戏中的运动数据会被手机反馈到云端平台，医生可以通过分析数据来了解患者信息。到目前为止，Valedo 已经被用来医治及管理慢性肾病和脊髓损伤。

图 7-21
Valedo 游戏可穿戴设备治疗背部疼痛

可穿戴设备曾经一度被认为会代替智能手机，但市场却远不如预期红火。由于功能较为单一、过于依赖智能手机、续航能力差及应用场景少等，市面上的可穿戴设备往往难以满足用户的要求。从"可穿"到"想穿"，需要更多创意，目前市场上的绝大多数可穿戴设备对于用户来说，只停留在"可以穿戴"阶段，而非"想要穿戴"阶段。想要改变现状，必须依靠丰富的想象力，并勇于利用最新技术改造提升产品。

7.3　移动互联网应用关键技术

移动互联网应用的关键技术包括终端先进制造技术、终端硬件平台技术、终端软件平台技术、网络服务平台技术、应用服务平台技术和网络安全控制技术，如图 7-22 所示。这里重点介绍网络服务平台技术中的移动 IP 技术和应用服务平台技术中的 HTML5 跨平台开发技术。

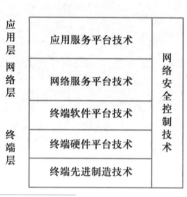

图 7-22
移动互联网关键技术

7.3.1　移动 IP 技术

随着生活节奏的加快，人们需要在任何地点、任何时候都能够在移动的过程中保持 Internet 接入和连续通信。移动 IP 就是在原来 IP 的基础上为了支持结点移动而提出的解决方案。移动 IP 的主要设计目标是在改变网络接入点时，不需改变移动结点的 IP 地址，从而能够在移动过程中保持通信的连续性。移动 IP 技术让用户能够在跨网络随意移动和漫游过程中自由地实现 Internet 接入，得到个性化的内容服务。

PPT 7-8
移动 IP 技术的相关基本概念

微课 7-8
移动 IP 技术的相关基本概念

1. 移动 IP 的基本概念

（1）移动 IP 的功能实体

① 移动结点（Mobile Node）。移动结点指位置经常发生变化的，即经常从一个链路切换到另一个链路的结点（主机）。

② 本地代理（Home Agent）。本地代理指位于移动结点本地链路（Home Link）上的路由器。当移动结点切换链路时，本地代理始终将其当前位置通知给移动结点，并将这个信息保存在移动结点的转交地址（CoA）中。本地代理分析送往移动结点的原始地址的包，并将这些包通过隧道技术传送到移动结点的转交地址上。

③ 外地代理（Foreign Agent）。外地代理指位于移动结点所访问的外地链路上的路由器。它为注册的移动结点提供路由服务，将转交地址信息通知给本地代理，并接收本地代理通过隧道发来的报文，拆封后再转发给移动结点。外地代理为连接在外地链路上的移动结点提供类似默认路由器的服务。一般将本地代理和外地代理统称为"移动代理"。

移动 IP 的功能实体及它们之间的关系如图 7-23 所示。

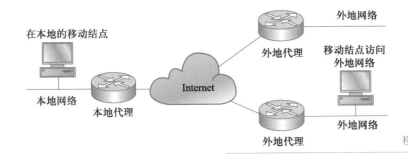

图 7-23
移动 IP 的功能实体及相互关系

（2）移动 IP 的基本操作

移动 IP 技术要解决的问题就是，当移动结点在网络之间不断移动时，仍然能够继续保持与已有连接间的通信。下面将简单介绍移动结点在外地网络时实现与其他结点接收和发送分组的移动 IP 的基本操作。

1）代理发现（Agent Discovery）

代理发现指的是移动结点检测它当前是在本地网络还是在外地网络的一种方法。其基本思想是，本地代理和外地代理定期广播代理通告（Agent Advertisement）消息，以宣告自己的存在。代理通告消息是 ICMP 路由器布告消息的扩展，它包含路由器 IP 地址和代理通告扩展信息。移动结点根据接收的代理通告消息来判断其是在本地链路上还是在外地链路上，从而决定是否再利用移动 IP 的其他功能或者是否需要向本地代理进行注册。

2）注册（Registration）

移动结点发现自己的网络接入点从一条链路切换到另一条链路时，就要进行注册。另外，由于注册信息有一定的生存时间，所以移动结点在没有发生移动时也要注册。

当移动结点发现已返回本地链路时，就向本地代理注册，并开始像固定结点或路由器那样通信。当移动结点在外地链路时，通过通告消息获得外地代理的转交地址，或通过动态配置协议 DHCP、手工配置等方法获得配置转交地址，然后向本地代理注册。本地代理确认后，通过把本地地址和相应的转交地址存放在绑定缓存中完成两个地址的绑定，并且向移动结点发送注册应答。在注册过程中，如果移动结点使用外地代理转交地址，那么就要通过外地代理进行注册请求和注册应答。

3）分组路由（Packet Routing）

本地代理和本地链路上的其他路由器通过与外地链路的路由器交换路由信息，使得发送给移动结点本地地址的分组被正确转发到本地链路上。本地代理通过 ARP（Address Resolution Protocol）来截取发向移动结点本地地址的分组，然后根据分组 IP 的目的地址查找绑定缓存，获得移动结点注册的转交地址，再通过隧道发送分组到移动结点的转交地址。若转交地址是外地代理的转交地址，那么隧道末端的外地代理拆封分组并转发给移动结点；若转交地址是配置转交地址，则直接发送封装的数据分组给移动结点。

移动结点若使用外地网络的路由器作为默认的路由器，它的分组便可通过此路由器直接发送给通信对端，不用再采用隧道机制。如此，通信对端发送的分组通过移动结点的本地代理转发给移动结点，移动结点的分组直接发送给通信对端，形成如图 7-24 所示的基本移动 IPv4 的三角路由现象。三角路由并不是优化的路由，优化的路由如图 7-25 所示。

笔 记

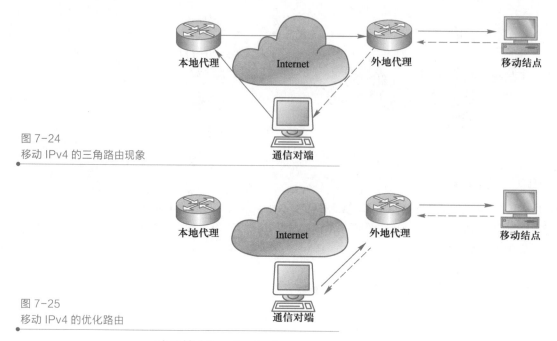

图 7-24
移动 IPv4 的三角路由现象

图 7-25
移动 IPv4 的优化路由

4）注销（Deregistering）

移动结点根据接收的代理通告消息来判断该结点是否已经返回到本地链路上。如果移动结点已经在本地链路上，则向本地代理直接注销以前的注册，完成注销后，本地代理就认为结点已经回到本地链路。

2．IPv4 技术的不足

PPT 7-9
IPv4 技术的不足及 Ipv6 技术

PPT

IPv4 是 IP 第 4 版本，已经难以满足 Internet 不断发展的需求。IPv4 现存的问题主要如下。

（1）地址资源匮乏

IPv4 规定的 IP 地址位数是 32 位，大约能够提供 1 亿个地址。但是随着 Internet 的不断发展，越来越多的其他设备（包括 PDA、汽车、手机、各种家用电器等）也会连接到互联网上，现有的 IP 地址资源严重匮乏，面临着很快被用光的局面。

（2）路由表越来越庞大

Internet 规模的增长导致路由器的路由表迅速膨胀，当接入的网络及路由器数目不断增加时，数据传输路由的路由表也就相应地越来越庞大，路由问题已经成为制约 Internet 效率和发展的瓶颈。

微课 7-9
IPv4 技术的不足及 Ipv6 技术

（3）地址分配烦琐

IPv4 分配地址的方式是手工配置，这不仅增加了管理费用，而且给需要频繁变动地址的企业带来极大不便。

（4）安全和服务质量难以保障

随着网络技术的发展，越来越多类型的数据都需要在 IP 网络上传输，相应地对于网络安全性的要求也会提高，而 IPv4 没有提供加密和认证机制，不能保证机密数据资源的安全传输，因此不能完全满足网络对于安全性的要求。电子商务、电子政务的基础是网络的安全性和可靠性，语音、视频等新业务的开展对服务质量（Quality of Service，QoS）提出了更高的要求，而 IPv4 本身缺乏安全和服务质量的保障机制，因此 IPv4 限制了 IP 网络的发展。

笔 记

3．IPv6 技术

为了彻底解决 IPv4 存在的网络地址资源匮乏等问题，IETF（The Internet Engineering Task Force，国际互联网工程任务组）设计了新一代网络协议 IPv6。它保留了许多 IPv4 的基本特性，并在 IP 地址、移动性支持、服务质量及安全性的支持这几个方面进行了改进。

（1）IPv6 的地址及配置

IPv6 的地址长度为 128 位，是 IPv4 地址长度的 4 倍，有着巨大的地址空间，能为全球数十亿用户提供足够多的地址，因此不再需要管理内部地址与公网地址之间的网络地址翻译和地址映射，网络的部署工作更简单。IPv6 加入了对自动配置（Auto Configuration）的支持，这是对 DHCP 的改进和扩展，使得网络（尤其是局域网）的管理更加方便和快捷。

（2）IPv6 使用更小的路由表

IPv6 的地址分配一开始就遵循聚类（Aggregation）的原则，这使得路由器能在路由表中用一条记录（Entry）表示一片子网，大大减小了路由器中路由表的长度，提高了路由器转发数据包的速度。

（3）IPv6 对移动性的良好支持

IPv4 对移动的支持是可选的，IPv4 没有足够的地址空间为 Internet 上的每个移动设备分配一个全球唯一的临时 IP 地址，很难判断移动结点是否在同一网络上。而移动 IPv6 是 IPv6 必不可少的组成部分，其足够的地址空间也能够满足大规模移动用户的需求。IPv6 对移动 IP 的改善减轻了对原始接口的依赖性，使得 Internet 上的移动结点与其他结点能够直接通信。

（4）IPv6 对服务质量（QoS）的支持

IPv6 增加了增强的多播（Multicast）支持及流控制（Flow Control），这使得网络上的多媒体应用有了长足发展的机会，为服务质量控制提供了良好的网络平台。此外，IPv6 在支持"总是在线"连接、防止服务中断及提高网络性能方面具有 IPv4 无可比拟的优势。

（5）IPv6 对安全性的支持

IPv6 对 Internet 安全性的改善主要是对数据包头的结构进行了改进。IPv6 中集成了 IPSec，通过认证报头（AH）和封装安全载荷报头（ESP）两个扩展头实现加密、验证功能。其中，AH 协议实现数据完整性和数据源身份认证功能，而 ESP 在上述功能基础上增加了安全加密功能，意味着可以安全地在 Internet 上传输敏感数据而不用担心被第三方截取。

7.3.2　HTML5 跨平台开发技术

移动互联网与传统互联网相比最大的特点是移动性，同时，移动操作系统呈现 iOS、Android、Windows Phone 等多个系统共存的局面。开发者若要迅速地开发某种应用，就需要一种高效且通用的开发技术。HTML5 自问世以来，其技术良好的跨平台兼容性正迎合了移动平台多样性的需求，HTML5 已成为移动平台开发技术最重要的一员。

PPT 7-10
HTML5 的概念和
新特性

PPT

1．什么是 HTML5

HTML5 是用于取代 1999 年所指定的 HTML 4.01 和 XHTML 1.0 标准的 HTML 标准。

微课 7-10
HTML5 的概念和
新特性

从广义的角度来讨论，HTML5 不是单指 HTML5 标准，而是指一系列用于开发网络应用的最新技术的集合，它包括 HTML5、CSS3、JavaScript 及一系列全新的 API。其中，HTML5 负责内容，CSS3 负责外观，JavaScript 负责行为。HTML5 技术希望能够减少浏览器对插件（如 Adobe Flash、Microsoft Silverlight 与 OracleJava FX 等）的依赖，并提供更多的能有效增强网络应用的标准集。

2．HTML5 技术的新特性

HTML5 是近年来 Web 开发标准的巨大飞跃，它引入很多新的特性，其与移动设备的关系主要体现在以下几方面。

（1）为移动平台定制的表单元素

HTML5 中，多种不同的表单元素对应不同的输入要求，见表 7-1，这样可以有效提高移动设备的输入效率。

表 7-1　HTML5 表单元素与键盘的对应关系

类型	用途	键盘
Text	正常输入内容	标准键盘
Tel	电话号码	数字键盘
Email	电子邮件地址文本框	带有@和.的键盘
Url	网页的 URL	带有.com 和.的键盘
Search	用于搜索引擎，如在站点顶部显示的搜索框	标准键盘
Range	特定值范围内的数值选择器	滑动条或转盘

（2）音频、视频

旧的 Web 标准中没有对音频和视频的支持，其基本都是借助于其他插件（如 Flash）来实现的。使用 HTML5 技术，无论是在桌面，还是在移动平台的浏览器，音频和视频都可以自由嵌入，不需要对个别素材采取特殊的处理方式。

（3）Canvas

新增的 Canvas 元素让在页面上绘制图形成为可能。Canvas 是 HTML5 标准中的一个在底层提供绘制图形及操作位图功能的元素，相当于浏览器上的画布。使用 Canvas 基于 JavaScript 来绘制图形、图标，以及其他任何视觉性图像，也可以创建图片特效和动画，Canvas 在 HTML5 移动端游戏中扮演了一个不可或缺的重要角色。另外，依靠 Canvas，还可以在浏览器中完成各式各样直观、生动、可交互的图表。

（4）Geolocation

基于地理位置的应用越来越火，HTML5 也提供了地理位置 API。HTML5 的 Geolocation（地理定位）API 通过综合利用 GPS、IP 地址、WiFi 热点等方式，使定位更加准确、灵活，成功克服只用 GPS 定位和基站定位的缺陷。越来越多的用户在借助智能手机来连接网络，借助各特性可以开发出很多基于位置信息的应用。

（5）本地存储

本地存储技术的出现使得移动 Web 的开发成为可能。在 HTML5 之前，只有 Cookie

能够存储数据，且大小只有 4 KB，这严重限制了应用文件的存储，导致 Web 开发的移动应用程序需要较长的加载时间。HTML5 Web Storage API 提供了与 Cookie 相类似的功能，但它没有对容量大小的限制，并拥有更加灵活的用法，能让客户端存储相关信息，并在需要的时候进行读取。例如，在游戏中，本地存储让人们很容易地在客户端保存游戏进度和最佳成绩等游戏状态。

（6）Web Worker

Web Worker 是 HTML5 提供的一个 JavaScript 多线程解决方案。使用 Web Worker 可以同时生成多个运行的线程。当主要的网页在响应用户的滚动、点击或输入时，这些背景线程可以做复杂的数学计算、生成网络请求或者访问本地存储，而不阻塞用户界面。

3．HTML5 在移动设备应用开发上的应用

App 一般被认为是 Mobile Application，也就是移动应用程序。目前有三大主流移动应用开发类型：Native App、Web App 和 Hybrid App，如图 7-26 所示。

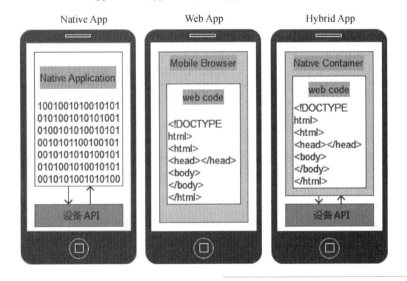

图 7-26
3 种移动应用开发方式

（1）Native App：本地应用程序（原生 App）

Native App 指的是原生程序，一般依托于操作系统，有很强的交互性，是一个完整的 App，可拓展性强，需要用户下载并安装使用。

（2）Web App：网页应用程序（移动 Web）

Web App 是指采用 HTML5、CSS 和 JavaScript 等 Web 技术编程开发的 App，代码运行在移动端浏览器中，不需要用户下载安装。

（3）Hybrid App：混合应用程序（混合 App）

Hybrid App 指的是结合原生和 Web 开发技术的半原生半 Web 的混合类 App，是一种取长补短的开发模式。这种应用的实现方式一般是，首先在开发框架上用 HTML5 技术编写代码，然后利用开发框架的封装器打包成各个平台的原生应用。

3 种移动应用开发方式的具体比较见表 7-2。

笔 记

PPT 7-11
HTML5 在移动设备应用开发上的应用和相关开发平台

微课 7-11
HTML5 在移动设备应用开发上的应用和相关开发平台

表 7-2　3 种移动应用开发方式的具体比较

特性	Native App	Hybrid App	Web App
开发语言	使用 Native 开发语言	使用 Native 和 Web 开发语言或只用 Web 开发语言	使用 Web 开发语言
代码移植性	无	高	高
访问针对特定设备的特性	高	中	低
高级图形	高	中	中
升级灵活性	低，通过应用商店升级	中，部分更新可不通过应用商店升级	高
安装体验	高，从应用商店安装	高，从应用商店安装	中，通过移动浏览器安装

　　混合开发方式除了有开发成本低、跨平台的优势之外，另一个优势是比 Web App 更接近用户的使用习惯，因为该应用在用户眼中与 Native App 并没有区别，这样，用户就更容易接受。目前已经有众多 Hybrid App 开发成功的应用，现在的京东、淘宝、微信等所利用的都是混合开发模式。

　　原生应用的最大优势在于可以充分发挥设备的性能，这一点是 HTML5 技术目前还不能做到的。因此，HTML5 并不适合用于开发性能要求高的大型游戏和工具类应用，而是比较适合开发基于信息流的应用。

4. HTML5 的移动应用开发平台介绍和分析

　　用 HTML5 技术开发的移动应用可以分 3 部分完成，分别是 HTML5 App、JavaScript 和 CSS。其中比较简单的是 HTML5 App，开发者可以用传统 HTML 的开发方式去实现；JavaScript 和 CSS 这两部分一般是通过开发框架来编写的，开发者可以选择作为 Web App 发布，或者使用开发平台提供的本地封装器把应用封装成各个平台的混合应用并通过应用市场发布。

　　随着 HTML5 的发展，多种基于 HTML5 的移动应用开发平台和框架相继出现，下面介绍 3 种基于 HTML5 的移动应用开发平台。

　　（1）PhoneGap

　　PhoneGap 是一种采用 HTML5、CSS 和 JavaScript 技术的创建移动跨平台及移动应用程序的轻量级框架的开源开发平台。PhoneGap 支持的平台包括 Android、iOS、Symbian、Bada、Blackberry 和 Windows Phone。业界很多主流的移动开发框架均源于 PhoneGap，较著名的有 Worklight、appMobi、WeX5 等。其中，WeX5 为国内打造，完全 Apache 开源，在融合 PhoneGap 的基础上做了深度优化，具备接近 Native App 的性能，同时开发便捷性也较好。

　　（2）Sencha Touch

　　不同于 PhoneGap，Sencha Touch 是一个基于 HTML5 的移动应用重量级开发框架。Sencha Touch 是世界上第一个基于 HTML5 的 Mobile App 框架，它提供了用户界面组件，还具有数据管理功能，这些特性支持最新的 HTML5 和 CSS3 标准，并且全面兼容 Android 和 Apple iOS 设备。Sencha Touch 的最新版本增加了提供原生打包（Native Packaging）的

笔记

功能。开发者在 Sencha Touch 的框架下进行开发时,无需编写打包器,只需一条命令,就可以将开发完成的应用打包供 iOS 或 Android 使用。

(3) jQuery Mobile

jQuery Mobile 是 jQuery 框架的一个组件,而非 jQuery 的移动版本。jQuery Mobile 是一个很强大的创建移动 Web 应用程序的框架,旨在使所有智能手机、平板电脑和桌面设备都可以访问一个网站。jQuery Mobile 不仅为主流移动平台带来 jQuery 核心库,而且提供了一个完整统一的 jQuery 移动 UI 框架,并支持全球主流的移动平台。

上述介绍的 3 个平台各有特点,开发人员可以根据不同的需求进行选择。如果应用要求同时在 PC 端和移动端发布,建议使用 jQuery Mobile 配合 PhoneGap 进行开发,开发者首先用 jQuery 在 PC 端开发相关的页面,然后将开发代码移植到移动平台上,之后就可以直接以 Web App 发布或使用 PhoneGap 封装成各个移动平台的原生应用,这种开发方式可以大大提高代码的重复利用率。如果应用只要求在移动端使用,则可以用 Sencha Touch 框架进行开发。通过直接使用 Sencha Touch 中的 JavaScript 代码库和界面组件,可以高效地创建出移动应用,开发者还可以根据需要创建 Web App 或是封装成原生应用。

HTML5 技术对于开发者来说,可以轻松实现跨平台开发,开发效率更高,开发快,更新快,更能适应“快鱼吃慢鱼”的移动互联网市场变化;成本更低,从技术到管理,各项成本大大降低,便于创业,也大大降低了失败的概率和风险;对于产品的推广也更容易,导流入口多,效率高,流量大。对于用户而言,App 的获取更方便、快捷,更省流量;App 的使用更省电量,更省空间。

HTML5 技术正在席卷 App 行业,如何高效地开发出轻架构、高性能的 HTML5 App 已成为抢占潮流红利的关键。

7.4 移动互联网典型应用

7.4.1 社交应用业务的典型应用

移动互联网的社交应用业务是指用户以手机等移动终端为载体,以在线用户交换信息技术为基础,通过移动互联网来实现的社交应用功能,包括社交网站、微博、即时通信工具、博客、论坛等。移动社交业务一直是中国移动互联网的行业热点,特别是智能手机和 4G 网络的普及,更推动了以微信为代表的新型移动即时通信的快速发展,获取了大规模的移动用户群。社交网络正发展为“连接一切”的生态平台。

微信是腾讯公司于 2011 年 1 月 21 日推出的一款为智能终端提供即时通信服务的免费应用程序。由于即时通信与手机通信的契合度大,同时,微信在社交关系的基础之上增加了信息分享、交流沟通、支付、金融、游戏等应用,极大地提升了用户黏性,使微信获得了成功。截至 2017 年 12 月,微信已经覆盖中国 94%以上的智能手机,月活跃用户达到 9.8 亿,微信支付用户破 8 亿。如图 7-27 所示,2017 年由微信驱动的信息消费达到 2 097 亿元人民币,占到中国信息消费总额的 4.7%。同年,微信占中国移动流量消耗额的 34%。

PPT 7-12
社交应用业务的典型应用

微课 7-12
社交应用业务的典型应用

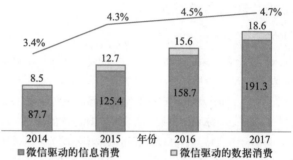

图 7-27
2017 年由微信驱动的
信息消费情况

微信支持跨通信运营商和操作系统平台通过网络快速发送免费语音短信、视频、图片和文字，使用户可以通过"摇一摇""搜索号码""附近的人"和扫二维码方式添加好友和关注公众平台。同时，微信可将内容分享给好友，以及将用户所看到的精彩内容分享到微信朋友圈。

1. 多维化社交

微信的社交包括两部分：一是熟人社交；二是陌生人社交。这两部分共同构成了微信的多维化社交体系，如图 7-28 所示。

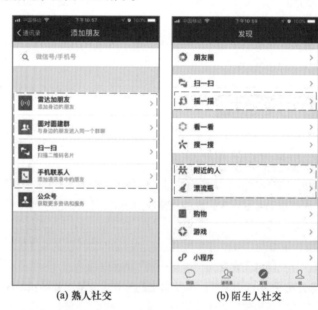

图 7-28
微信社交

熟人社交可以通过雷达加朋友、面对面建群、扫一扫、手机联系人添加好友，这些功能为微信的用户拓展提供了良好的支撑，可进一步深入到用户日常的社交生活当中。

陌生人社交是移动端新兴的一种交友方式，用户通过移动 App 的位置信息认识周围的陌生人。微信的陌生人交友模块包括附近的人、摇一摇和漂流瓶：附近的人是基于位置的交友方式，摇一摇是基于特定互动方式的交友方式，漂流瓶则可随机认识陌生人。这 3 种陌生人交友模块分别针对不同的交友目的和方式，为微信用户提供了丰富的、多层次的社交体验。

2. 朋友圈

微信自 4.0 版本推出了朋友圈，建立了微信好友的图片社区，可分享图片和状态（如图 7-29 所示）。朋友圈的关系网具有一定的封闭性，微信用户的分享，只有好友关系的人才可以看到，私密性很强。同时，微信用户的分享公开范围可以自行定义，实现了个人隐私的高度定制化。由于其对隐私的较好保护和朋友圈较强的关系网，微信朋友圈的活跃度非常高，用户黏性进一步增强。

图 7-29
微信朋友圈

3. 开放平台

微信开放平台主要面对第三方开发者（移动应用或网站应用开发者），为其提供微信登录、分享、支付等相关权限和服务。第三方开发者可以在微信开放平台的官网上获取专有 App ID 以上传应用，审核通过即可获得微信的庞大社交关系网，从而形成一种主流的线上线下微信互动营销方式。目前，微信开放平台包括分享至微信好友和分享至朋友圈。前者更具互动性，能够带来更高的点击率和转化率；后者曝光范围更广，更有望实现信息的病毒化传播。微信开放平台是微信从单纯的社交应用走向平台化的革命性举措，这也意味着微信开始探索流量转化变现的道路。

4. 公众平台

微信公众平台是微信针对企业级用户发布的一款产品。公众账号每天可以群发一条信息，普通公众账号只能发送图片、文字及声音，认证的公众账号可以发送经过编排的图文信息。微信将公众账号划分为订阅号、服务号和企业号（如图 7-30 所示）。

订阅号

为媒体和个人提供一种新的信息传播方式，构建与读者之间更好的沟通与管理模式

服务号

给企业和组织提供更强大的业务服务与用户管理能力，帮助企业快速实现全新的公众号服务平台

企业号

为企业或组织提供移动应用入口，帮助企业建立与员工、上下游供应链及企业应用间的连接

图 7-30
订阅号、服务号和企业号

订阅号主要偏于为用户传达资讯（类似报纸、杂志），认证前后都是每天只可以群发一条消息。服务号主要偏于服务交互（类似银行、114，可提供服务查询），认证前后都是每个月可群发4条消息。相对于订阅号，服务号拥有更强的互动性。与订阅号和服务号不同，企业号只有企业通讯录成员才能关注，同时一个微信企业号可配置多个类似服务号的应用，发送信息条数无限制。

5. 微信支付

微信支付是公众平台向有出售物品需求的公众号提供推广销售、支付收款、经营分析的整套解决方案。商户通过自定义菜单、关键字回复等方式向订阅用户推送商品消息，用户可在微信公众号中完成选购支付的流程。商户也可以把商品网页生成二维码张贴在线下，如车站和广告海报。用户扫描后可打开商品详情，在微信中直接购买。目前微信支付已实现刷卡支付、扫码支付、公众号支付、App支付，并提供企业红包、代金券、立减优惠等营销新工具，满足用户及商户的不同支付场景。

微信支付的普及率如同坐上了火箭一般，特别是在18岁以下的用户中，微信支付的渗透率在2017年达到了97.3%，60岁以上的用户渗透率达46.7%（如图7-31所示）。

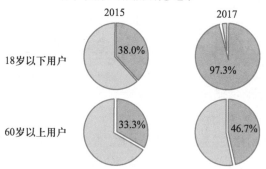

来源：中国信息通信研究院通信2017年经济和社会影响报告，WALKTHECHAT

图 7-31
2015、2017 年微信支付的渗透率情况

在大多数的使用场景中，微信支付的使用频率几乎翻倍，特别是在超市付款、餐饮买单及在线购物等日常场景中。如图 7-32 所示，微信支付最流行的线下场景就是饭店和超市，而45.2%的用户选择用微信支付进行线上购物。

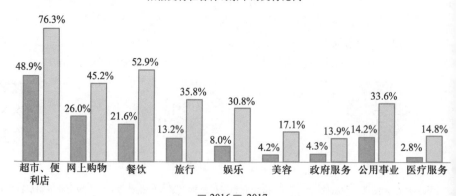

来源：中国信息通信研究院通信2017年经济和社会影响报告，WALKTHECHAT

图 7-32
2016、2017 年微信支付
在使用场景中的支付比例

6. 微信小程序

微信小程序是一种不需要下载安装即可使用的应用,它实现了应用"触手可及"的梦想。小程序是一个可以帮助用户高效解决问题的工具,用完即走,其优质的用户体验会使用户走了再回来。同时,微信给小程序开放了多个入口以帮助用户能够找到自己使用过或者想要使用的小程序。如图 7-33 所示,发现小程序常用的方法就是打开微信→发现→小程序,输入想要找的小程序名字即可。

图 7-33
搜索微信小程序

社交电商应用"蘑菇街"透露,小程序的转化率是 App 的 2 倍以上。与传统 App 相比,小程序更有优势,很多 App 在微信打开后需要跳转,而小程序则可以直接在微信中打开运行。购物类小程序打开后,其界面类似其他商城 App,让用户购物体验更好。人们也可以直接在微信群分享,达到微信用户的流量裂变。

线下商店也开始使用小程序。永辉超市在应用小程序之后,其顾客数字化的程度从 30%上升到了 87%。

在公共领域,江苏省在 13 个城市试行了巴士管家,让乘客可以通过微信小程序购票。截至 2017 年底,微信小程序的使用次数已经达到 1100 万次。

7.4.2 电子商务业务的典型应用

移动电子商务就是利用手机等移动智能终端进行的 B2B、B2C、C2C 的电子商务。移动电子商务中的绝大多数主流业务都是通过 PC 端的购物方式自然转化为通过移动终端的购物方式。移动电子商务是对传统电子商务购物方式的延伸,与传统电子商务中的品种可完全重合,差异之处在于购物终端的不同与购物应用软件的不同。与此相对应而衍生的移动支付终端异军突起,带来了巨大的商机和竞争。天猫商城和支付宝无疑是其中的佼佼者。

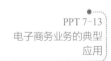
PPT 7-13
电子商务业务的典型
应用

1. 天猫商城

2012 年 1 月,阿里将原来的淘宝商城正式更名为天猫的时候,将注定是中国电

微课 7-13
电子商务业务的典型
应用

子商务尤其是 B2C（Business to Customer，商对客）发展历程当中重要的一件大事。同时，天猫也迎来了高速发展的黄金时期，5 年时间，GMV（Gross Merchandise Volume，网站成交金额）约由 2000 亿涨到 2 万亿人民币，规模增长了近 10 倍（如图 7-34 所示）。2017 年上半年，天猫商城在 B2C 网络购物交易市场中的份额占比为 50.2%（如图 7-35 所示），占 B2C 网络购物交易市场的半壁江山。而随着用户使用习惯的改变，移动终端的份额所占的比重越来越大。在 2017 年的天猫"双十一"活动期间，手机终端的交易额达到了 92%，而在 2012 年该占比只有 5%，可见其发展迅猛。

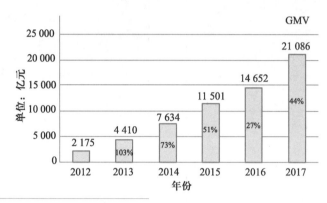

图 7-34
天猫 2012—2017 年 GMV 规模

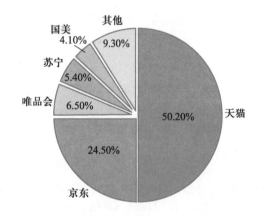

图 7-35
2017 年上半年中国 B2C 网络零售市场占比

与网页版天猫不同，天猫商城手机客户端的模块化显示更具人性化，更适合用户操作和理解。

（1）主题化精品推荐

天猫手机端以主题化的形式在首页向用户推荐商品，帮助用户发现并收藏感兴趣的宝贝，如图 7-36 所示。其主题往往与时下热点相关，在吸引用户的同时也增加了用户"逛"的乐趣。此外，天猫手机终端还特地开辟了一个模块——品牌，展示用户近期购买过、浏览过、加入在购物车中的品牌信息，以供用户关注，增强了商家和用户之间的互动，并提高了用户"购"的可能性。

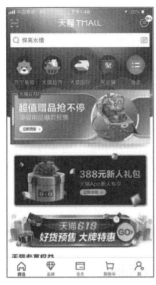

图 7-36
首页精品推荐和品牌模块

（2）方便的类目导航和精准搜索功能

天猫手机端强大的搜索和导航功能，为用户提供了便捷的类目导航和精准搜索筛选功能，以便用户在海量商品中选到心仪的物品，如图 7-37 所示。

（3）随心管理，随时掌控

天猫手机端有贴心的个人中心模块，方便用户随心管理，随时掌控购物：利用购物车功能，用户可随心管理心仪商品；收藏宝贝、收藏店铺可记录用户中意的店铺和商品，随时可购买；订单管理、收货地址等管理功能可帮助用户随时随地掌握订单状态。个人中心界面如图 7-38 所示。

图 7-37
类目导航

图 7-38
个人中心

2. 支付宝钱包

移动支付从 2013 年开始爆发，增长迅速，并于 2015 年超过 PC 支付，成为第三方支付中的绝对力量,如图 7-39 所示。2017 年第 4 季度,中国第三方支付中移动支付的市场交易规模达 377274.5 亿元人民币,环比增长 27.91%。支付宝以 52.26% 的市场份额居移动支付市场首位,如图 7-40 所示。

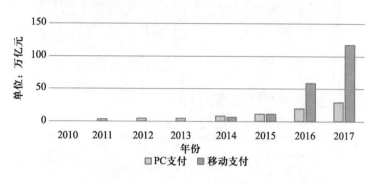

图 7-39
PC 支付与移动支付规模对比

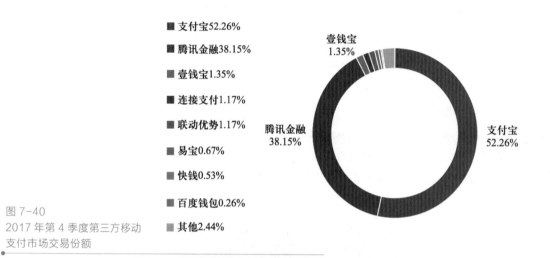

图 7-40
2017 年第 4 季度第三方移动
支付市场交易份额

　　截至 2018 年 3 月 31 日,支付宝与其全球合资伙伴一起在全球为约 8.7 亿的年活跃用户提供服务。这一数据证明,支付宝已经成为全球最大的移动支付服务商。支付宝已发展成为融合了支付、生活服务、政务服务、社交、理财、保险、公益等多个场景与行业的开放性平台。

　　(1)设置指纹/手势密码,提高安全性

　　用户可以设置一个打开支付宝钱包的指纹/手势密码,这样既提高了钱包的安全指数,又可以方便快捷地打开钱包,如图 7-41 所示。

　　(2)提供转账、还款和缴费等功能

　　支付宝钱包嵌入生活类应用中,可进行免费异地跨行转账、信用卡还款、充值、缴水电煤气费,免去烦琐的缴费流程,为用户提供了便捷的平台,扩大了应用受众群,优化了用户体验。如图 7-42 所示,点击"更多"选项,可选择更多便民生活应用。

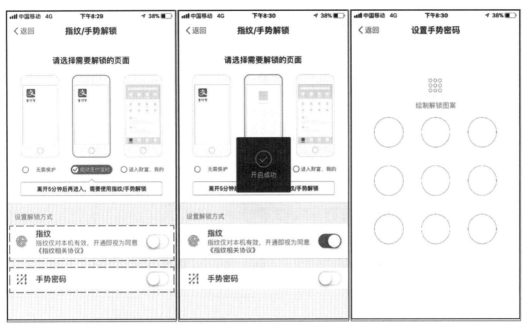

图 7-41
设置指纹/
手势密码

图 7-42
支付宝钱包生活类应用

（3）付钱和收钱

无论是外出购物还是用餐，越来越多的人已经习惯了移动支付。在消费者向商家付款时，点击支付宝首页上方的"付款"后，向商家展示二维码及条码，商家使用扫码枪或者摄像头等设备快速扫描用户的二维码即可完成交易。2017 年 2 月 28 日，支付宝在首屏显要位置正式上线"收钱码"功能，用户点击支付宝首页的"收钱"按钮，即可发起面对面的收款。支付宝付钱和收钱界面如图 7-43 所示。

支付宝的"付款码"仅用于线下付款，二维码、条形码也会实时更新并在短时间内一次有效。付款码页面禁止截图，一旦对页面截图，就会收到支付宝弹出的安全提醒。

图 7-43
付款和收钱

（4）余额宝

余额宝是 2013 年 6 月 13 日由阿里巴巴集团的支付宝上线的存款业务。通过余额宝，用户不仅能够得到较高的收益，还能随时消费支付和转出。

截至 2018 年第一季度末，余额宝已经累计给用户带来 66.36 亿元的收益，余额宝规模达到 16891.84 亿元，是全世界最大的货币基金，如图 7-44 所示。

图 7-44
余额宝

习 题

一、单选题

1. 截至 2017 年 12 月，我国网民规模达（　　　）亿人，整体网民规模增速持续放缓。

    A. 7.53   B. 7.72   C. 7.29   D. 6.27

2. 以下（　　）不属于平板电脑。

 A. iPad   B. Microsoft Surface

 C. ThinkPad   D. Pixel C

3. IPv6 地址长度为（　　）位。

 A. 32   B. 64   C. 16   D. 128

文本　习题参考答案

4. B2C 是英文（　　）的缩写。

 A. Business to Customer   B. Business 2 Customer

 C. Consumer to Consumer D. Consumer 2 Consumer

5. 微信是腾讯公司于 2011 年 1 月 21 日推出的一款为智能终端提供（　　）服务的免费应用程序。

 A. 即时通信   B. 信息分享

 C. 交流沟通   D. 金融

二、填空题

1. 移动互联网是移动通信和_____融合的产物。

2. 移动智能终端的产品形态大部分是_____、_____、可穿戴设备等。

3. 2007 年 1 月 10 日，在 MacWorld 大会上苹果公司正式发布了首款苹果智能手机_____。

4. 从广义的角度来讨论，HTML5 实际上是指一系列用于开发网络应用的最新技术的集合，它包括_____、_____、_____及一系列全新的 API。

5. 移动电子商务就是利用手机等移动智能终端进行的_____、B2C、_____的电子商务。

三、简答题

1. 列举移动互联网的特点。

2. HTML5 技术有哪些新特性？

单元 *8*

人工智能技术

2016 年 3 月,人工智能围棋程序"阿尔法围棋"(AlphaGo)横空出世,对战世界顶级围棋棋手、职业九段棋手李世石,以 4∶1 的总比分获胜,此番人机大战让人工智能站在了计算机技术的风口。2017 年 5 月 23 日—27 日,在中国乌镇围棋峰会上,AlphaGo 升级版又以 3∶0 的总比分战胜当时排名世界第一的围棋冠军柯洁,再度让人工智能领域成为公众视线的焦点,如图 8-1 所示。

图 8-1
中国乌镇围棋峰会人机大战

人工智能(Artificial Intelligence,AI),是一个模拟人类能力和智慧行为的跨领域学科,是计算机学科的一个重要分支。人工智能这一概念出现在 20 世纪中叶,被人们称为世界的三大尖端科技之一。其目标是通过探索和剖析人类智能活动的规律,构造或模拟出具备一定智能的系统,以实现让计算机代替人类完成原本需要人类智能才可完成的工作。

文本 单元设计

8.1 人工智能概述

8.1.1 什么是人工智能

"人工智能"一词最早出现在 1956 年的达特茅斯学会上。会议上，科学家运用数理逻辑和计算机的成果，提供关于形式化计算和处理的理论，模拟人类的某些智能行为，构造具有一定智能的人工系统，让计算机去完成需要人的智力才能胜任的工作。同时，麦卡锡（J.McCarthy）提议用人工智能作为学科的名称定义制造智能机器的科学与工程，从而标志着人工智能学科的诞生。

1. 人工智能和人类智能

到底什么是人工智能？人工智能和人类智能又有什么区别和联系呢？这应该是人工智能的初学者都非常关心的问题，也是学术界长期争论而又没有定论的问题。

人类智能是人类认识世界及改造世界的才智和本领，它包括"智"和"能"两部分。"智"主要是指人对事物的认知能力；"能"主要是指人的行动能力，它包括各种技能和正确的习惯等。人类的劳动、学习和语言交往等活动都是智能活动，换句话说，人类智能就是神经、心理、语言、思维、文化 5 个层级上所体现的人类的认知能力。

很明显，人类智能缔造了人工智能。就这两种智能的关系来说，人工智能无疑是人类智能的结晶。对于人工智能这一概念，不同领域的研究者从不同的角度给出了各自不同的定义。

人工智能之父、1971 年图灵奖的获得者麦卡锡教授最早将人工智能定义为"使一部机器的反应方式像是一个人在行动时所依据的智能"。

人工智能逻辑学派的奠基人、斯坦福大学人工智能研究中心的尼尔森（J.Nilsson）教授认为"人工智能是关于知识的科学，即怎样表示知识、获取知识和使用知识的科学"。

美国人工智能协会前主席、麻省理工学院的温斯顿（P.Winston）教授认为"人工智能就是研究如何使计算机去做过去只有人才能做的富有智能的工作"。

首位图灵奖获得者明斯基（M.Minsky）把人工智能定义为"让机器做本需要人的智能才能够做到的事情的一门科学"。

知识工程的提出者、大型人工智能系统的开拓者、图灵奖的获得者费根鲍姆（A.Feigen Baum）认为"人工智能是一个知识信息处理系统"。

中国《人工智能标准化白皮书（2018 版）》认为："人工智能是利用数字计算机或者数字计算机控制的机器模拟、延伸和扩展人的智能，感知环境、获取知识并使用知识获得最佳结果的理论、方法、技术及应用系统。"

2. 图灵测试

什么样的机器具有"智能"呢？英国著名数学家和逻辑学家、计算机和人工智能之父阿兰·图灵（Alan Turing，图 8-2）最早对这一问题进行了研究。1950 年 10 月，图灵发表了一篇划时代的论文《计算机与智能》，提出了"机器能思考吗"这个问题，文中第一次提出"机器思维"的概念，预言了创造出具有真正智能的机器的可能性，还对智能问题从行为主义的角度给出了定义，由此提出了一个假想：如果一台机器能够与人类展开对

笔 记

话（通过电传设备）而不能被辨别出其机器身份，那么称这台机器具有智能。这就是著名的"图灵测试"。

图 8-2
阿兰·图灵

　　图灵测试示意图如图 8-3 所示。测试的参与者包括测试人（提问者）和被测试人（回答者），被测试人则包括一个人类志愿者和一台声称自己有人类智力的计算机。计算机和人类志愿者分别在两个房间中，测试人既看不到计算机，也看不到人类志愿者，测试人的目的就是通过提问来判断哪个房间中是计算机，哪个房间中是人类志愿者。在测试过程中，为防止通过非智力因素获取信息，测试人通过键盘提出问题，而计算机和志愿者则均通过屏幕回答问题，被测试人如实回答问题，并试图说明自己是人，而另一方是计算机。如果测试人在一系列的测试中，不能准确地判定出谁是计算机，谁是人，则说明该计算机通过了图灵测试，具有了图灵测试意义下的智能。

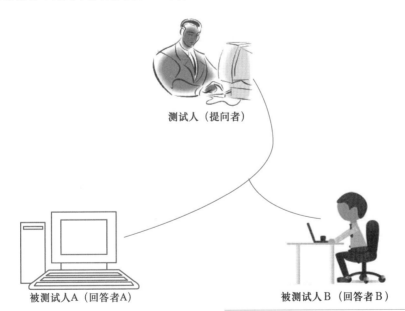

测试人（提问者）

被测试人A（回答者A）　　　　　　被测试人B（回答者B）

图 8-3
图灵测试示意图

　　显然，计算机要想通过图灵测试，除了要很好地模拟人类的优点外，还要模拟人类的不足。在测试中，计算机既不能表现得比人类愚蠢，也不能表现得比人类聪明。这对计算机来说，其实并不公平。图灵自己也认为制造一台能通过图灵测试的计算机并不是一件容易的事。

对人类来说容易求解的问题，对计算机来说并不一定容易解决，如人脸识别问题。同样，对于人类来说困难的问题，计算机处理起来并不一定困难，如复杂的数字计算、海量数据查找等。因此，计算机应该在人类不太擅长的领域内发挥更多的作用，以延伸人类的智力。

3. "中文房间"问题

图灵测试的提出引发很多争议，其中最著名的就是 1980 年哲学家约翰 •希尔勒(John Searle) 博士提出的名为 "中文房间" 问题的假想试验。

希尔勒设想自己被锁在一间房间里，这间房间除了门上有一个小窗口以外，其余部分全部都是封闭的。他本人对中文一窍不通，既不会写也不会说。房间里有一本与中文文本相联系的英文规则书，房间里还有足够的稿纸、铅笔和橱柜，接下来希尔勒将接收到通过小窗口传过来的英文指令和中文问题，指令教他怎样将规则书与中文文本联系起来，得到答案。希尔勒可以使用他的书来翻译这些文字并用中文回复。虽然他完全不会中文，但他依然可以借助规则书和指令让任何房间外的人以为他会说流利的中文。

但是事实上，希尔勒认为整个过程中他根本不懂中文，只是执行规则书上的 "程序"。这种行为在中国人看来与计算机用中文作答是没有什么区别的，但却成功地通过了图灵测试，并且不具有理解中文的智能。因此，他认为即便机器通过了图灵测试，也不一定说明机器就真的像人一样有思维和意识。图 8-4 所示为 "中文房间" 问题示意图。

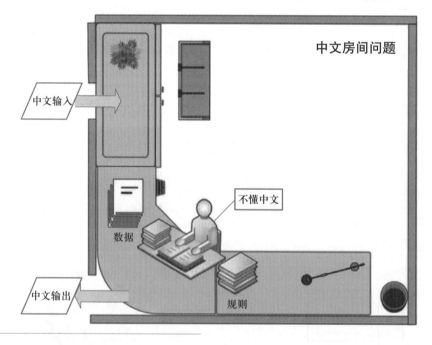

图 8-4
"中文房间" 问题示意图

4. 弱人工智能和强人工智能

人工智能分为弱人工智能和强人工智能。弱人工智能是指擅长某一领域的人工智能，比如擅长围棋的 AlphaGo，它虽然在围棋方面战胜了人类，但在其他方面远非人类的对手。弱人工智能只是部分实现人类智能，使计算机成为人类的智能工具。强人工智能是指在各方面都能和人类比肩的人工智能，人类的所有脑力劳动它都得心应手。强人工智能是否能够实现尚不清楚，从情感、创造力和自由意志几方面来看，在现代计算机上实现强人工智能是非常困难的。

表 8-1 从几个角度对人脑和计算机进行了比较。可以看出，现代计算机和人脑在规模上已经相当，人脑大概有 10^{11} 个神经元，10^{15} 个突触，一个典型的计算机大概有 10^{10} 个晶体管。两者的架构却截然不同：人脑的架构是紧密连接型的，而计算机的架构却是稀疏连接型的。在处理速度上，计算机有很大优势，基本是人脑处理速度的 100 万倍。但是，人脑进行的是并行计算，计算机进行的是顺序处理，所以在处理某些问题上人脑的效率更高。人脑和计算机在能力上有很大差别，计算机的处理都是基于数学模型的，而人脑所具有的感知、认知处理能力很多是难以用数学模型刻画的。

表 8-1　人脑与计算机的比较（Rao & Fairhall 2015）

角度	人脑	计算机
系统架构	10^{11} 个神经元，10^{15} 个突触，稠密连接	10^{10} 个晶体管，稀疏连接
处理速度	100 us	100 ps（10 GHz）
计算模式	并行计算	顺序计算
能力	可处理数学上无法严格定义的问题	处理数学上严格定义的问题

实际上，目前人工智能领域取得的所有进展都是在弱人工智能领域上。目前，服务机器人、车载与电视助手、智能客服及图像处理等应用已经开始快速发展，在语音识别等领域也获得了一些应用，如 iPhone 的语音助理 Siri、百度的度秘、科大讯飞的"灵犀"、微软的小冰等。

8.1.2　人工智能发展简史

1. 萌芽期（1956 年以前）

早在 20 世纪 40 年代，数学家和计算机工程师已经开始探讨用机器模拟智能的可能。1950 年，阿兰·图灵提出的"图灵测试"对人工智能的发展产生了极为深远的影响。

1951 年，普林斯顿大学数学系的马文·明斯基（Marvin Minsky，后被人称为"人工智能之父"）与他的同学邓恩·埃德蒙一起建造了世界上第一台神经网络计算机 SNARC（Stochastic Neural Analog Reinforcement Calculator）。在只有 40 个神经元的小网络里，第一次模拟了神经信号的传递。这也被看作人工智能的一个起点。

此外，美国著名数学家维纳（N.Wiener）创立的控制论、贝尔实验室主攻信息研究的数学家香农创立的信息论等，都为日后人工智能这一学科的诞生铺平了道路。

2. 黄金期（1956—1974 年）

1956 年，达特茅斯会议之后，人工智能迎来了它的第一次浪潮。对许多人而言，这一阶段开发出的程序堪称神奇：计算机可以解决代数应用题，证明几何定理，学习和使用英语。当时大多数人几乎无法相信机器能够如此"智能"。这让很多研究学者具有了机器向人工智能发展的信心，研究者们在私下的交流和公开发表的论文中表达出相当乐观的情绪，认为具有完全智能的机器将在 20 年内出现。

1963 年，美国国防高级研究计划局（DARPA）等政府机构向这一新兴领域投入了大

PPT 8-2
人工智能发展简史

微课 8-2
人工智能发展简史

笔资金，开启了新项目 Project MAC（The Project on Mathematics and Computation）。当时最著名的明斯基和麦卡锡也加入了这个项目，并推动了在视觉和语言理解等领域的一系列研究。

在巨大的热情和投资驱动下，一系列成果在这个时期诞生。

1966 年，麻省理工学院（MIT）的维森鲍姆发布了世界上第一个聊天机器人——ELIZA。ELIZA 的智能之处在于她能通过脚本理解简单的自然语言，并能产生类似人类的互动。

1966—1972 年间，斯坦福大学国际研究所研制出机器人 Shakey，这是首台采用人工智能的移动机器人。

3. 瓶颈期（1974—1980 年）

由于先驱科学家们的乐观估计一直无法实现，到了 70 年代，对人工智能的批评越来越多，人工智能遇到了很多当时难以解决的问题。一方面，计算机有限的内存和处理速度不足以解决任何实际的人工智能问题；另一方面，视觉和自然语言理解中巨大的可变性与模糊性等问题在当时的条件下构成了难以逾越的障碍。人工智能的发展陷入困境。

由于技术瓶颈导致项目缺乏进展，对 AI 提供资助的机构（如英国政府、DARPA 和 NRC）逐渐停止了资助。NRC（National Research Council，美国国家科学委员会）在拨款 2000 万美元后停止资助。1973 年，Lighthill 针对英国 AI 研究状况的报告批评了 AI 在实现其"宏伟目标"上的完全失败。由此，人工智能遭遇了长达 6 年的科研深渊。

4. 繁荣期（1980—1987 年）

进入 20 世纪 80 年代，由于专家系统和人工神经网络等技术的新进展，人工智能的浪潮再度兴起。

1980 年，卡耐基-梅隆大学为迪吉多公司设计了一套名为 XCON 的"专家系统"。XCON 是一套具有完整专业知识和经验的计算机智能系统，可以简单地理解为"知识库+推理机"的组合。这套系统在 1986 年之前每年能为公司节省超过 4000 万美元经费。XCON 的巨大商业价值极大地激发了工业界对人工智能尤其是专家系统的热情，衍生出了像 Symbolics、Lisp Machines、IntelliCorp、Aion 等这样的硬件及软件公司。在这个时期，仅专家系统产业的价值就高达 5 亿美元。

在专家系统长足发展的同时，一直处于低谷的人工神经网络也逐渐复苏。1982 年，霍普菲尔德（J.Hopfield）提出了一种全互联型人工神经网络，成功解决了 NP（Non-deterministic polynomial）完全的旅行商问题。1986 年，大卫·鲁梅尔哈特（D.Rumelhart）等研制出具有误差反向传播功能的多层前馈网络，即 BP（Back-Propagation）网络，成为后来应用最广泛的人工神经网络之一。

到了 80 年代后期，产业界对专家系统的巨大投入和过高的期望开始显现出负面的效果。人们发现这类系统开发与维护的成本高昂，而商业价值有限。在失望情绪的影响下，对人工智能的投入被大幅度消减，人工智能的发展再度步入深渊。

5. 崛起（1993 年至今）

20 世纪 90 年代后，研究人工智能的学者开始引入不同学科的数学工具，如高等代数、概率统计与优化理论，为人工智能打下了更坚实的数学基础。由此，统计学习理论

（Statistical Learning Theory）、支持向量机（Support Vector Machine）、概率图模型（Probabilistic Graphical Model）等一大批新的数学模型和算法被发展起来。

这一时期，随着计算机硬件水平的提升，以及大数据分析技术的发展，机器采集、存储、处理数据的水平有了大幅提高。

1997 年 5 月 11 日,深蓝成为战胜国际象棋世界冠军卡斯帕罗夫的第一个计算机系统。

2005 年，斯坦福大学开发的一台机器人在一条沙漠小径上成功地自动行驶了约 210.8 km，赢得了 DARPA 挑战大赛头奖。

2009 年，蓝脑计划声称已经成功地模拟了部分鼠脑。

2012 年，在一次全球范围的图像识别算法竞赛 ILSVRC（ImageNet 大规模视觉识别挑战赛）中，多伦多大学开发的一个多层神经网络 Alex Net 取得了冠军，并大幅度超越了使用传统机器学习算法的第二名。

以上成果及本单元开篇所介绍的人机大战，让人工智能再一次被世界瞩目。尤其是近十几年，随着移动互联网和物联网的发展，电子商务平台、社交媒体、智能设备源源不断地产生海量数据，为机器学习提供了沃土。计算机的计算能力呈指数增长，为人工智能的发展插上了腾飞的翅膀。

8.1.3 人工智能应用领域

PPT 8-3
人工智能应用领域及产业发展趋势

近年来，人工智能技术已经被广泛应用于各行各业。未来人工智能相关技术的发展，不仅将带动大数据、云服务、物联网等产业的升级，还将全面渗透金融、医疗、安防、零售、制造业等传统产业，应用前景广阔。

1. 人机对话

学术界和工业界越来越重视人机对话，在任务比较明确的应用领域，人机对话已取得很明显的成效。每年的"双十一购物节"，蚂蚁金服公司都要承担 500 万次以上的客服服务，如果完全采用人工客服，需要 3 万多名服务人员才能应对。现在，90%以上的询问已由计算机智能客服解决，只有不到 10%的询问由人工客服完成，如图 8-5 所示。

微课 8-3
人工智能应用领域及产业发展趋势

图 8-5
人机对话

除此之外，人们耳熟能详的基于人机对话技术的产品有百度智能机器人小度、苹果的 Siri、亚马逊的 Echo 音箱、微软的 Cortana 等。

人机对话系统经历了语音助手、聊天机器人和面向场景的任务执行 3 个阶段。

语音助手目前的各项技术尚未成熟，导致"听得见，但听不懂"，同时，语音交互受到私密环境的限制，还达不到用户的期望值。

2014 年，微软公司发布了聊天机器人小冰，其特点是从实用化转向娱乐化，降低了用户期望值，直接采用文字沟通。这时候深度学习被充分运用，技术水平有所提高，难点在于对语境的建模和机器人自身建模方面。比如你问机器人："你今年多大了？"回答："我 5 岁了。"但问："你结婚了吗？"回答："我结婚 10 年了。"他自己会发生矛盾。在应用上，用户留存率并不是很高，虽然用户量大，但持续跟机器人聊下去的并不多。

2016 年开始进入场景化的任务执行阶段，将人机对话局限在特定场景，进一步降低了用户期望值。该阶段利用场景约束，提高语义消歧能力。比如，目前很多品牌的智能语音电视都拥有语音云、语音识别、语音合成、智能语音交互场景等多项语音功能，利用在电视智能平台上搭载的智能语音平台来实现语音对话功能，只要对着电视说话，就能实现人与电视对话。

目前，人机对话已经在多个行业领域得到应用，除了电子商务外，还包括金融、通信、物流和旅游等。

2. 智能金融

人工智能技术在金融业中可以用于服务客户，支持授信、各类金融交易和金融分析中的决策，并用于风险防控和监督，从而大幅改变金融现有格局，金融服务将会更加个性化与智能化。

百度、阿里巴巴和腾讯这 3 家互联网企业（以下简称"BAT"）就是智能金融应用起步较早、技术较为成熟的代表。BAT 不仅开展人工智能技术的基础性研究工作，而且本身具备强大的智能金融应用场景，因此处于人工智能金融生态服务的顶端。阿里巴巴旗下的蚂蚁金服在智能金融领域的应用最为深化。

蚂蚁金服已将人工智能运用于互联网小贷、保险、征信、智能投顾、客户服务等多个领域。根据蚂蚁金服公布的数据，网商银行在"花呗"与"微贷"业务上使用机器学习把虚假交易率降低了近 10 倍；基于深度学习的 OCR（Optical Character Recognition，光学字符识别）系统使支付宝证件校核时间从 1 天缩短到 1 s，并且提升了 30% 的通过率。此外，蚂蚁金服联合华为、三星等共同发起了互联网金融身份认证联盟（Internet Finance Authentication Alliance，IFAA），现已成为国内市场上支持设备与用户最多的互联网金融身份认证行业标准。

除 BAT 等智能金融企业外，科大讯飞、第四范式、银之杰、佳都科技的产品已应用于风险管理、信用评估、远程开户、票据影像识别等方面；同花顺、东方财富、恒生电子、东吴在线、网信集团等金融科技公司开发的产品主要应用于证券行业的智能投顾、量化交易等金融细分领域。

3. 智能医疗

智能医疗关系到人的健康。随着人工智能、大数据、物联网的快速发展，智能医疗在辅助诊疗、疾病预测、医疗影像辅助诊断、药物开发、精神健康、可穿戴设置等方面发挥了重要作用。同时，让更多人共享有限的医疗资源，为解决"看病难"的问题提供了新的思路。

在辅助诊疗方面，人工智能技术可以有效提高医护人员的工作效率，提升一线全科医生的诊断治疗水平，增加"医生"数量。例如，利用智能语音技术可以实现电子病历的智能语音输入；利用智能影像识别技术，可以实现医学图像自动读片；利用智能技术和大数据平台，可构建辅助诊疗系统；利用"机器医生"辅助诊断，能在客观上提高"医生"数量。例如，IBM 研发的"沃森医生"，它已至少"学习"了肿瘤学研究领域的 42 种医学期刊、临床试验的 60 多万条医疗证据和 200 万页文本资料，能在 10 min 诊断出肿瘤的程度。智能医疗如图 8-6 所示。

图 8-6
智能医疗

在疾病预测方面，人工智能借助大数据技术可以进行疫情监测，及时有效地预测并防止疫情的进一步扩散和发展。

在医疗影像辅助诊断方面，通过医学影像对特征进行提取和分析，对诊断和治疗提供评估方法及精准诊疗决策，在很大程度上简化了人工智能技术的应用流程，节约了人力成本。

笔 记

目前，世界各国的诸多科技企业，如百度、腾讯、IBM、微软、亚马逊等都投入了大量资源，建立人工智能团队，进入智能医疗健康领域。

腾讯公司紧跟人工智能技术发展和产业布局，将 AI 能力投射到医疗等关乎民生的重点领域并打造具有自身特色的产品。2018 年，腾讯获批承建医疗影像国家新一代人工智能开放创新平台，加速推动国家人工智能战略在医疗领域的落地，着力构建一个医疗机构、科研团体、器械厂商、高等院校、公益组织等多方参与的开放平台，推进人工智能技术在医学影像、辅助诊断、医疗机器人等众多医疗环节的探索和应用。

IBM 公司是最早将人工智能技术应用于医疗健康领域的科技企业之一。IBM 公司收购了一些医疗健康大数据提供商和分析商，将肿瘤精准治疗作为主攻领域，利用人工智能沃森（Watson）系统快速分析各种数据，协助医生诊断肿瘤，并根据患者的肿瘤基因提供适当的个性化治疗方案。2016 年，凭借 Watson 系统，IBM 公司宣布向认知商业进行战略转型，成为认知解决方案和云平台公司。IBM 在北京举行的主题为"天工开物，人机同行"的 2017 IBM 论坛上，进一步明确了发展"商业人工智能"的战略，展示了 Watson 在电子、能源、教育、汽车、医药等各行业或领域的应用成果。

微软公司发布了面向个人的健康管理平台 Microsoft Health 和 Health Vault，整合不同的健康和健身设备搜集的数据，同时专门针对医疗人员开发了信息系统 Amalga UIS，实现了对医疗数据的深度挖掘和分析。2016 年，微软公司公布了智能医疗健康项目 Hanover，通过人工智能深度理解最新的医学专业论文，帮助医生进行资源整合，寻找最有效的肿瘤药物和治疗方案。2017 年，微软公司推出了 Healthcare Next 计划，旨在为医疗行业注入更多的云计算和人工智能技术。公司与匹兹堡大学医学中心合作，帮助简化医院的病人护理。比如，微软公司的 AI 助理可以在医生与病人交谈时做笔记，然后将其谈话摘要发送到病人的医疗档案中，可以为患者和提供商带来更高效的医疗保健服务。

4. 智能安防

随着智慧城市建设的推进，安防行业正进入一个全新的加速发展的时期。从平安城市建设到居民社区守护，从公共场所的监控到个人电子设备的保护，智能安防技术已得到深入广泛应用。利用人工智能对视频、图像进行存储和分析，进而从中识别安全隐患并对其进行处理，这是智能安防与传统安防的最大区别。

从 2015 年开始，全国多个城市都在加速推进平安城市的建设，积极部署公共安全视频监控体系。无论是在生活中、工作中，还是在购物中、休闲中，我们都能看到安防系统，它就像无声的"保镖"守护着我们的人身和财物安全。另外，公安部门借助安防监控系统，成功破了数千个案例，现在很多城市中的新旧住宅小区也都安装了智能安防系统。智能安防如图 8-7 所示。

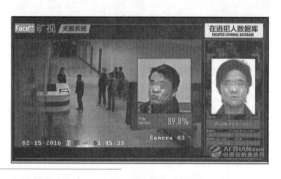

图 8-7
智能安防（图片引自中国安防展览网）

笔记

从技术层面来讲，目前国内智能安防分析技术主要有两大类：一类是采用画面分割前景提取等方法对视频画面中的目标进行提取检测，通过不同的规则来区分不同的事件，从而实现不同的判断并产生相应的报警联动等，如区域入侵分析、打架检测、人员聚集分析、交通事件检测等；另一类是利用模式识别技术对画面中特定的物体进行建模，并通过大量样本进行训练，从而对视频画面中的特定物体进行识别，如车辆检测、人脸检测、人头检测（人流统计）等应用。

智能安防目前涵盖众多的领域，如街道社区、道路、楼宇建筑、机动车辆的监控、移动物体监测等。今后，智能安防还要解决海量视频数据分析、存储控制及传输问题，将智能视频分析技术、云计算及云存储技术结合起来，构建智慧城市下的安防体系。

5. 自动驾驶

汽车是人类智慧在交通领域的结晶，而自动驾驶技术一直以来都是研究的热点。随着科技的不断发展和进步，一批互联网高科技企业，如百度、华为等公司都以人工智能的视角切入到该领域。例如，百度无人驾驶汽车于 2015 年首次实现城市、环路及高速道路混合路况下的全自动驾驶。2022 年，百度发布的第六代量产无人驾驶汽车——Apollo RT6，已经基本具备了城市复杂道路的无人驾驶能力。

在中国，由国防科技大学自主研制的红旗 HQ3 无人驾驶汽车，于 2011 年 7 月 14 日首次完成了从长沙到武汉 286 km 的高速全程无人驾驶实验，标志着中国无人车在环境识别、智能行为决策和控制等方面实现了新的技术突破。

但是，无人驾驶技术还是存在着诸多问题。2018 年 3 月 23 号，在加利福尼亚州山景城 101 号高速公路上，一辆蓝色的特斯拉 Model X 在向南行驶时，撞上中间的隔离栏后汽车发生起火，之后又被车道后方驶来的一辆马自达和一辆奥迪相继撞上，特斯拉的司机被送到医院后因伤重不治而死亡。此事件说明，虽然现在人工智能技术在自动驾驶领域得到了大量的应用，但目前还不是很成熟，无人驾驶功能还没能完全实现，现在只能称之为自动辅助驾驶。特斯拉全球副总裁表示，实现无人驾驶必须满足 3 个条件：第一，无人驾驶要有硬件的支撑；第二，必须有成熟的无人驾驶软件系统；第三，无人驾驶必须得到所在国家和地区的法律支持和保护。

众所周知，自动驾驶汽车通过多种传感器，包括视频摄像头、激光雷达、卫星定位系统等，感知道路环境，并感知车辆位置和障碍物信息，然后经过自动驾驶系统的认知判断来控制车辆的速度和行车路线。

6. 智能制造

智能制造是将新一代信息通信技术与先进制造技术深度融合，贯穿于设计、生产、管理、服务等制造活动的各个环节，具有自感知、自学习、自决策、自执行、自适应等功能的新型生产方式。

智能制造有 10 项关键技术。智能产品与智能服务可以帮助企业创新商业模式；智能装备、智能产线、智能车间和智能工厂可以实现生产模式的创新；智能研发、智能管理、智能物流与供应链可以实现运营模式的创新；智能决策可以帮助科学决策。

2011 年，在汉诺威工业博览会上，德国提出了工业 4.0 概念；2012 年，美国国家科学技术委员会公布了《国家先进制造战略计划》(National Strategic Plan for Advanced Manufacturing)；2015 年，我国《政府工作报告》中首次提出要坚持创新驱动、智能转型、强化基础、绿色发展，加快从制造大国转向制造强国。可以说，智能制造是建设制造强国的主攻方向，也是实现中国制造业由弱到强的关键路径。

•8.1.4 人工智能产业发展趋势

从人工智能产业进程来看，推动产业升级必须要依赖技术突破。数据资源、运算能力、核心算法共同发展，掀起人工智能新浪潮。人工智能产业正处于从感知智能向认知智能的进阶阶段，前者涉及的智能语音、计算机视觉及自然语言处理等技术，已具有大规模应用基础，但后者要求的"机器要像人一样去思考及主动行动"仍尚待突破，如无人驾驶、全自动智能机器人等仍处于开发中，与大规模应用仍有一定距离。

1. 智能服务呈现线下和线上的无缝结合

分布式计算平台的广泛部署和应用，增大了线上服务的应用范围。同时，人工智能技术的发展和产品不断涌现，如智能家居、智能机器人、自动驾驶汽车等，为智能服务带来新的渠道或新的传播模式，使得线上服务与线下服务的融合进程加快，促进多产业升级。

2. 智能化应用场景从单一向多元发展

目前，人工智能的应用领域还处于专用阶段，如人脸识别、视频监控、语音识别等都主要用于完成具体任务，覆盖范围有限，产业化程度有待提高。随着智能家居、智慧物流等产品的推出，人工智能的应用终将进入面向复杂场景、处理复杂问题、提高社会生产效率和生活质量的新阶段。

笔 记

3. 人工智能和实体经济深度融合进程将进一步加快

笔记

党的十九大报告提出"推动互联网、大数据、人工智能和实体经济深度融合"。一方面，制造强国建设的加快将促进人工智能等新一代信息技术产品的发展和应用，助推传统产业转型升级，推动战略性新兴产业实现整体性突破。另一方面，随着人工智能底层技术的开源化，传统行业将有望加快掌握人工智能基础技术，并依托其积累的行业数据资源实现人工智能与实体经济的深度融合创新。

8.2 机器学习

机器学习是 AlphaGo 取胜的关键。AlphaGo 结合了监督学习和强化学习的优势，通过训练形成一个策略网络，AlphaGo 团队从在线围棋对战平台 KGS 上获取了 16 万局人类棋手的对弈棋谱，并从中采样了 3000 万个样本作为训练样本。将棋盘上的局势作为输入信息，并对所有可行的落子位置生成一个概率分布。然后，训练出一个价值网络来对自我对弈进行预测，预测所有可行落子位置的结果。

2017 年 10 月，它的升级版 AlphaGo Zero（阿尔法元）仅靠一副棋盘和黑白两子，没看过一个棋谱，也没有一个人指点，从零开始，完全靠自己强化学习和参悟，在 4 个 TPU（Tensor Processing Unit，高性能处理器）上，花了 3 天时间，自己左右互搏 490 万棋局，最终以 100∶0 打败 AlphaGo。

在短短的两个月之后，最强版的 AlphaGo Zero 就完成了进化，采用全新的强化学习算法，变身 AlphaZero。AlphaZero 算法通过 8 小时训练击败 AlphaGo，再用 4 小时训练击败世界顶级的国际象棋程序 Stockfish，再用 2 小时训练击败世界顶级将棋程序 Elmo。

8.2.1 什么是机器学习

PPT 8-4
机器学习的概念及发展简史

机器学习（Machine Learning）是一门多领域交叉学科，涉及概率论、统计学、逼近论、算法复杂度理论等多门学科。它是一门研究机器如何模拟人类学习活动、自动获取知识和技能以改善系统性能的一门学科，是人工智能的核心，是使机器具有智能的根本途径。

机器学习理论主要是设计和分析一些让计算机可以自动"学习"的算法，即从数据中自动分析获得规律，并利用规律对未知数据进行预测的算法。

机器学习的核心是学习，什么是学习呢？

微课 8-4
机器学习的概念及发展简史

1980 年，人工智能学家西蒙（Simon）在卡内基-梅隆大学召开的机器学习研讨会上做了"为什么机器应该学习"的发言，将学习定义为"学习就是系统在不断重复的工作中改进其性能的过程，使得系统在下一次执行同样的任务或类似的任务时，会比现在做得更好或效率更高"。而对学习的一般性解释是，学习是一个有特定目的的知识获取和能力增长过程，其内在行为是获得知识、积累经验、发现规律等，其外部表现是改进性能、适应环境、实现自我完善等。

机器学习的本质就是通过运用计算机强大的运算能力及数据处理能力，使用大批的数据进行训练，使计算机具备自发模仿人类学习的行为，通过学习获取经验和知识，在不断地改进自身性能的同时实现人工智能的能力。

8.2.2 机器学习发展简史

笔 记

1. 萌芽时期

20 世纪 50 年代中期到 60 年代中期,机器学习技术研究处于萌芽时期。人们试图通过软件编程来操控计算机来完成一系列的逻辑推理功能,进而使机器具有一定的智能思考和自我优化的能力。

这一阶段的代表性工作主要是由 A.Newell 和 H.Simon 完成的,包含各种"逻辑"程序及"求解"程序等。然而,通过进一步研究发现,只具有逻辑推理能力并不能使机器智能。研究者们认为,智能存在的前提还必须拥有大量的先验知识。

2. 发展时期

20 世纪 60 年代中期到 80 年代中期,这一时期处于发展时期。此时,机器学习的主流为"专家系统"。研究者们试图利用自身思维提取出来的规则来教会计算机执行决策行为,然而,"专家系统"总会面临"知识困境",即面对无穷无尽的知识与信息,人们很难通过自身思维提取规律并赋予计算机。因此,让机器自主学习的设想自然地浮出水面。

这个时期,知识强化学习有了一定的发展。从学习单个概念扩展到学习多个概念,探索不同的学习策略和各种学习方法。相应的,有关学习方法相继推出,如示例学习、示教学习、观察和发现学习、类比学习、基于解释的学习。本阶段的机器学习过程一般都建立在大规模的知识库上,实现知识强化学习,同时,学习系统已经开始与各种应用结合起来,并取得了很大的成功。20 世纪 70 年代末,中国科学院自动化研究所进行质谱分析和模式方法推断研究,自此,我国的机器学习研究出现了新局面。

3. 繁荣时期

从 20 世纪 80 年代至今,随着互联网大数据及硬件 GPU 的出现,机器学习开始爆发式发展,各种机器学习技术不断涌现,机器学习研究进入繁荣时期。此时,利用深层次神经网络的深度学习也得到进一步发展,机器学习的蓬勃发展还促进了其他分支的出现,如数据挖掘、语音识别、生物信息学、模式识别、机器人的智能控制、遥感信息安全等。

如今,机器学习已广泛应用在数据挖掘、计算机视觉、自然语言处理、生物特征识别、搜索引擎、医学诊断、检测信用卡欺诈、证券市场分析、DNA序列测序、语音和手写识别、战略游戏和智能机器人等领域。

8.2.3 机器学习常见算法

根据训练方法的不同,机器学习的算法可以分为四大类:监督式学习、无监督式学习、半监督式学习和强化学习。

PPT 8-5
机器学习常见算法

PPT

1. 监督式学习

在监督式学习下,输入数据被称为"训练数据", 每组训练数据都有一个明确的标识或结果,如防垃圾邮件系统中的"垃圾邮件""非垃圾邮件",手写数字识别中的"1""2""3""4"等。在建立预测模型的时候,监督式学习建立一个学习过程,将预测结果与"训练数据"的实际结果进行比较,不断地调整预测模型,直到模型的预测结果达到一个

微课 8-5
机器学习常见算法

笔 记

预期的准确率。监督式学习常用于分类问题和回归问题。常见算法有逻辑回归（Logistic Regression）、反向传递神经网络（Back Propagation Neural Network）、决策树（Decision Trees）、朴素贝叶斯分类（Naive Bayesian classification）等。

【示例】若要设计一个"从相册中找出你的照片"的系统，基本的步骤如下。

（1）数据的生成和分类

首先，需要将相册中所有的照片看一遍，记录下来哪些照片上有你，然后把照片分为两组：第一组称为训练集，用来训练神经网络；第二组称为验证集，用来检验训练好的神经网络能否认出你，正确率有多少。

之后，这些数据会作为神经网络的输入，得到一些输出：当照片上有你的时候，输出为 1；没有的时候，输出为 0。这种问题通常称为分类。

当然，监督学习的输出也可以是任意值，而不仅仅是 0 或者 1。例如预测一个人还信用卡的概率，这个概率可以是 0～100 中的任意一个数字，这种问题通常称为回归。

（2）训练

此时，每一幅图像都会作为输入数据，根据一定的规则得到 0 或 1 输出。

根据之前做过的标记，我们可以判断模型所预测的结果是否正确，并把这一信息反馈给它。模型利用这一反馈结果来调整神经元的权重和偏差，这就是 BP 算法，即反向传播算法。

（3）验证

至此，第一组中的数据已经全部用完。接下来使用第二组数据验证训练得到的模型的准确率。

（4）应用

完成以上 3 步，模型就训练好了。接下来就可以把模型融合到不同的应用程序中了。例如，在 iPhone 上制作一个 App，用来识别名片。

2. 无监督式学习

在无监督式学习中，使用的数据是没有标记过的，即不知道输入数据对应的输出结果是什么。无监督式学习只能默默地读取数据，自己寻找数据的模型和规律，如聚类（把相似数据归为一组）和异常检测（寻找异常）。学习模型是为了推断出数据的一些内在结构，常用于关联规则的学习及聚类等。常见算法有图论推理算法（Graph Inference）、拉普拉斯支持向量机（Laplacian SVM）等。

【示例】假设你要生产 T 恤，却不知道 XS、S、M、L 和 XL 的尺寸到底应该设计为多大。你可以根据人们的体测数据，用聚类算法把人们分到不同的组，从而决定尺码的大小。

【示例】假如你是某网络公司的 CTO（Chief Technology Officer，首席技术官）。你想通过网络连接情况找到一些蛛丝马迹：突然增大的数据流量可能意味着有快要离职的员工下载所有的 CRM（Customer Relationship Management，客户关系管理）历史数据，或者有人往新开账户里面转了一大笔钱。

3. 半监督式学习

在半监督式学习下，只有一小部分输入数据是标记过的，而大部分是没有标记过的。

因此和监督式学习相比，半监督式学习的成本较低，但是又能达到较高的准确度。这种学习模型可以用来进行预测，但是模型首先需要学习数据的内在结构以便合理地组织数据来进行预测。应用场景包括分类和回归。

有人做过试验：用半监督式学习方法对每个类只标记 30 个数据，利用监督学习对每个类标记 1360 个数据，取得了一样的效果。并且这使得其客户可以标记更多的类，从 20 个类迅速扩展到了 110 个类。

图 8-8 所示为监督式学习、无监督式学习、半监督式学习的示意图。

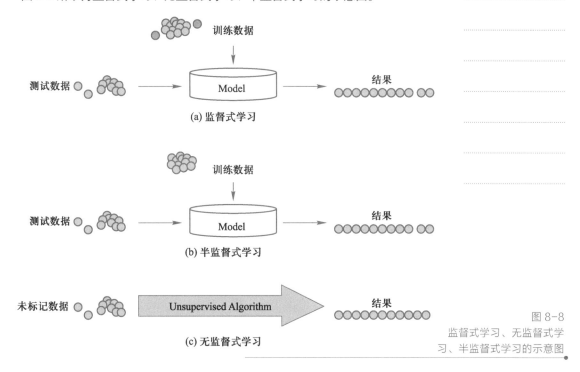

图 8-8
监督式学习、无监督式学
习、半监督式学习的示意图

4. 强化学习

在强化学习下，输入数据直接反馈到模型，模型必须对此立刻做出调整。强化学习使用未标记的数据，但是可以通过某种方法知道是离正确答案越来越近还是越来越远（即奖惩函数）。传统的"冷热游戏"（Hotter or Colder，是美版捉迷藏游戏 Huckle Buckle Beanstalk 的一个变种）很生动地解释了这个概念：你的朋友会事先藏好一个东西，当你离这个东西越来越近的时候，你朋友就说热，越来越远的时候，你朋友会说冷。冷或者热就是一个奖惩函数。

强化学习常见的应用场景包括动态系统及机器人控制等。常见算法包括 Q-Learning 及时间差学习（Temporal Difference Learning）等。

【示例】 AlphaGo Zero（阿尔法元）是强化学习算法的应用典范。AlphaGo Zero 在训练的开始就没有任何除规则以外的监督信号，并且只以棋盘当前局面作为网络输入，而不像 AlphaGo 一样还使用其他人工特征（如气、目、空等）。此外，AlphaGo Zero 使用了策略迭代的强化学习算法去更新神经网络的参数。简单来讲，就是通过不断的交替进行策略评估和策略改进来完成强化学习。

在企业数据应用的场景下，人们最常用的可能就是监督式学习和无监督式学习的模

笔 记

型。在图像识别等领域，由于存在大量的非标识的数据和少量的可标识数据，半监督式学习被广泛应用。而强化学习更多地应用在机器人控制及其他需要进行系统控制的领域。

PPT 8-6
人工神经网络

微课 8-6
人工神经网络

8.3 人工神经网络

8.3.1 什么是人工神经网络

人工神经网络是近年来得到迅速发展的一个前沿课题。神经网络由于其能大规模并行处理，具有容错性，自组织、自适应能力和联想功能强等特点，已成为解决很多问题的有力工具。神经网络在系统辨识、模式识别、智能控制等领域有着广泛而吸引人的前景，特别是在智能控制中，人们对神经网络的自学习功能尤其感兴趣，并且把神经网络这一重要特点看作解决自动控制中控制器适应能力这个难题的关键钥匙之一。

那么，什么是人工神经网络呢？它的英文简称为 ANN（Artificial Neural Networks），是将大量处理单元经广泛互连而组成的人工网络，用来模拟人脑神经系统的结构和功能。我们把这些处理单元称为人工神经元。

人工神经元是对生物神经元的抽象与模拟。下面简单了解一下生物神经元。

人脑由一千多亿（1011 亿～1014 亿）个神经细胞（神经元）交织在一起的网状结构组成，其中大脑皮层约 140 亿个神经元，小脑皮层约 1000 亿个神经元。

神经元约有 1000 种类型，每个神经元与 103～104 个其他神经元相连接，形成错综复杂而又灵活多变的神经网络。

人的智能行为就是由如此高度复杂的组织产生的。在浩瀚的宇宙中，也许只有包含数千亿颗星球的银河系的复杂性能够与大脑相比。

一个神经元，通过其轴突的神经末梢，经突触，与另一个神经元的树突连接，以实现信息的传递。由于神经元结构的可塑性，突触的传递作用可增强与减弱，因此神经元具有学习与遗忘的功能。

经过对生物神经元的长期广泛研究，1943 年，心理学家麦卡洛克（W.McCulloch）和数学家皮茨（W.Pitts）根据生物神经元生物电及生物化学的运行机理提出二值神经元的数学模型，即著名的 MP 模型。

一个典型的人工神经元 MP 模型如图 8-9 所示。

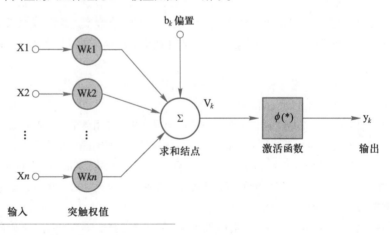

图 8-9
人工神经元 MP 模型

8.3.2 人工神经网络发展简史

人工神经网络的研究始于 20 世纪 40 年代初期，走过了一条十分曲折的道路，几起几落，神经网络的发展大概分为 4 个阶段。

1. 产生时期

20 世纪 50 年代中期以前是人工神经网络研究的兴起时期。1943 年，MP 神经元模型的提出开创了人工神经网络研究的先河。随着大脑和计算机研究的进展，研究目标从"似脑机器"变为"学习机器"。1949 年，神经生物学家赫布提出了学习模型，为构造有学习功能的神经网络模型奠定了基础。

2. 高潮时期

20 世纪 50 年代中期到 60 年代末是神经网络研究的高潮期。1957 年，罗森布拉特（Rosenblatt）感知器模型的提出，使神经网络研究从纯理论探讨发展到工程实现。1962 年，他又提出了两层感知器的收敛定理。此外，还有很多人在神经计算的结构和实现方面做出了很大贡献。

3. 低潮时期

20 世纪 60 年代末到 80 年代初是神经网络研究的低潮期。当时，麻省理工学院的明斯基和帕尔特对感知器的功能及其局限性做了深入研究，指出了双层感知器的局限性，对人工神经网络做出了悲观的结论，使人工神经网络的研究陷入低潮。但在此期间，仍有一部分学者在潜心研究，自组织神经网络和反射传播算法都是这个阶段的成果。

4. 复兴时期

20 世纪 80 年代后，神经网络研究进入复兴期。1982 年，生物物理学家霍普菲尔德提出了一个用于联想记忆和优化计算的离散神经网络模型，并成功地求解了计算复杂度为 NP 完全型的旅行商问题。1984 年，他又提出了连续神经网络模型，并用电子线路实现了对神经网络的模拟，为神经网络计算机的研究奠定了基础。20 世纪 80 年代中期以后，包括中国在内的世界上的许多国家都掀起了研究神经网络的热潮，使神经网络的研究进入了一个持续至今的蓬勃发展时期。

8.3.3 人工神经网络分类

人工神经网络算法模拟生物神经网络，是一类模式匹配算法，通常用于解决分类和回归问题。人工神经网络是机器学习的一个庞大的分支，有几百种不同的算法。近几十年来，研究开发出了几十种神经网络模型。

例如，若按网络的性能划分，可分为连续型和离散型网络，又可分为确定型和随机型网络；若按网络的拓扑结构划分，则可分为有反馈网络和无反馈网络；若按网络的学习方法划分，则可分为有导师的学习网络和无导师的学习网络；若按连接突触的性质划分，则可以分为一阶线性关联网络和高阶非线性关联网络。

人工神经网络的主要特征如下。

笔 记

- 能较好地模拟人的形象思维。
- 具有大规模并行协同处理能力。
- 具有较强的学习能力。
- 具有较强的容错能力和联想能力。
- 是一个大规模自组织、自适应的非线性动态系统。

8.3.4 人工神经网络应用

经过几十年的发展，神经网络理论在信息处理、模式识别、自动控制、辅助决策、人工智能等众多研究领域取得了广泛的成功。很多问题在处理时，信息来源既不完整，又包含假象，决策规则有时相互矛盾，有时无章可循，这些都给传统的信息处理方式带来了很大的困扰，而神经网络却能很好地解决这些问题，并给出合理的识别与判断。

1. 信息处理

现代信息处理要解决的问题是非常复杂的，人工神经网络具有模仿甚至代替与人的思维有关的功能，可以实现自动诊断、问题求解等，解决传统方法所不能或难以解决的问题。人工神经网络在军事系统的电子设备中得到了广泛的应用。目前已有的智能信息系统包括智能仪器系统、自动跟踪监测仪器系统、自动控制制导系统、自动故障诊断和报警系统等。

2. 模式识别

模式识别是对表征事物或现象的各种形式的信息进行处理和分析，来对事物或现象进行描述、辨认、分类和解释的过程。人工神经网络是模式识别中的常用方法，如今，人工神经网络模式的识别方法逐渐取代传统的模式识别方法。经过多年的研究和发展，模式识别已成为当前比较先进的技术，被广泛应用到文字识别、语音识别、遥感图像识别、指纹识别、人脸识别、手写体字符的识别、工业故障检测、精确制导等方面。

其他应用主要为生物信号的检测与分析。人工神经网络是由大量的简单处理单元连接而成的自适应动力学系统，具有巨量并行性、分布式存储、自适应学习的自组织等功能，可以用它来解决生物医学信号分析处理中常规法难以解决或无法解决的问题。

3. 医学专家系统

以非线性并行处理为基础的医学专家系统得到广泛的应用和发展。在麻醉与危重医学等相关领域的研究中，涉及多生理变量的分析与预测，包括临床数据中存在的一些尚未发现或无确切证据的关系与现象、信号的处理、干扰信号的自动区分检测、各种临床状况的预测等，都可以应用人工神经网络技术。

另外，市场价格预测、风险评估等很多领域都会用到人工神经网络技术。

虽然人工神经网络已经取得了一定的进步，但是还存在许多缺陷。例如，应用的面不够宽阔、结果不够精确；现有模型算法的训练速度不够高；算法的集成度不够高；仍需进一步对生物神经元系统进行研究，不断丰富人们对人脑神经的认识。

8.4 专家系统

8.4.1 什么是专家系统

专家系统（Expert System）是一种具有大量专门知识和经验的计算机智能程序系统。其能够利用人类专家的知识和解决问题的方法来处理该领域的问题。简而言之，专家系统是一种模拟人类专家解决领域问题的计算机程序系统。

专家系统使用某个领域的实际专家经常使用的领域知识来求解问题，通常适合于完成那些没有公认的理论和方法、数据不精确或信息不完整、人类专家短缺或专门知识十分昂贵的诊断、解释、监控、预测、规划和设计等任务。主要特点如下。

- **启发性**：专家系统能运用专家的知识和经验进行推理、判断和决策。利用启发式信息找到问题求解的捷径。
- **透明性**：专家系统能够解释本身的推理过程和回答用户提出的问题，以便让用户能够了解推理过程，提高对专家系统的信赖感。
- **灵活性**：专家系统能不断地增长知识，修改原有知识，不断更新。由于这一特点，使得专家系统具有十分广泛的应用领域。
- **交互性**：专家系统一般采用交互方式进行人机通信，这种交互性既有利于系统从专家那里获取知识，又便于用户在求解问题时输入条件或事实。
- **实用性**：专家系统是根据具体应用领域的问题开发的，针对性强，具有非常良好的实用性。
- **易推广**：专家系统使人类专家的领域知识突破了时间和空间的限制，专家系统的知识库可以永久保存，并可复制任意多的副本或在网上供不同地区或部门的人们使用，从而使专家的知识和技能更易于推广和传播。

PPT 8-7
专家系统

微课 8-7
专家系统

笔 记

8.4.2 专家系统的分类

专家系统已经成功应用在许多领域，通常可以按用途、知识表示方法、控制策略、系统规模等对专家系统进行分类。

按用途分类，专家系统可以分为解释型、诊断型、预测型、设计型、规划型、控制型、监督型、调试型、教育型专家系统等。

有些专家系统常常完成几种任务，具有多种功能。例如，调试型专家系统同时具有规划、设计和诊断等专家系统的功能，教育型专家系统同时具有诊断和调试等专家系统的功能。

按输出结果分类，专家系统可分为分析型专家系统、设计型专家系统和综合型专家系统。分析型专家系统通过一系列推理完成任务，输出结果一般是结论；设计型专家系统通过一系列操作完成任务，输出结果一般是方案；综合型专家系统兼具分析型专家系统和设计型专家系统的特点，输出问题的推断和解决方案。

按结构分类，专家系统可以分为集中式专家系统和分布式专家系统、单机型专家系统和网络型专家系统等。

传统的专家系统已趋于成熟，在专家系统进一步发展时，引入了人工智能和计算机技术的多种思想和新技术，如并行与分布处理、协同机制、机器学习等，提出了各种新型专家系统，如模糊专家系统、神经网络专家系统、网络（多媒体）专家系统、分布式专家系统及协同式专家系统、深层知识专家系统等。

8.4.3 专家系统的基本结构

专家系统的结构是指专家系统的各个组成部分及其组织形式。在实际使用中，各个专家系统的结构可能略有不同，但一般都应该包括知识库、推理机、数据库、知识获取机构、解释机构和人机接口 6 部分，如图 8-10 所示。

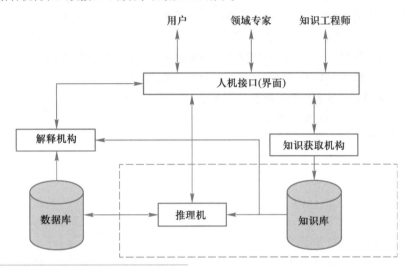

图 8-10
专家系统基本结构

用户通过人机界面回答系统的提问，推理机将用户输入的信息与知识库中的知识进行推理，不断地由已知的前提推出未知的结论，即中间结果，并将中间结果放到数据库中，最后将得出的最终结论呈现给用户。在专家系统运行过程中，会不断地通过人机接口与用户进行交互，向用户提问，并为用户做出解释。知识库和推理机是专家系统的核心部分，其中，知识库存储解决某领域问题的专家级水平的知识，推理机根据环境从知识库中选择相应的专家知识，按一定的推理方法和控制策略进行推理，直到得出相应的结论。

8.5 人工智能的应用案例

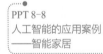

PPT 8-8
人工智能的应用案例
——智能家居

1. 智能家居的基本概念

智能家居的概念起源很早，但一直未有具体的建筑案例出现，直到 1984 年美国联合科技公司（United Technologies Building System）将建筑设备信息化、整合化的概念应用于美国康涅狄格州哈特佛市的 City Place Building 时，才出现了首栋的"智能型建筑"，从此掀起了业内对智能家居的追逐热潮，如图 8-11 所示。

智能家居是智慧家庭八大应用场景之一。受产业环境、价格、消费者认可度等因素的影响，我国智能家居行业经历了漫长的探索期。至 2010 年，随着物联网技术的发展及智慧城市概念的出现，智能家居逐步有了清晰的定义并随之涌现出各类产品，软件系统也经历了若干轮升级。

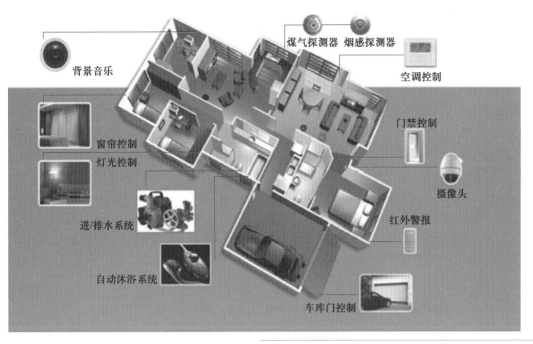

煤气探测器　烟感探测器

空调控制

背景音乐

门禁控制

窗帘控制

灯光控制

摄像头

进/排水系统

红外警报

自动沐浴系统

车库门控制

图 8-11
智能家居

　　什么是智能家居呢？智能家居是以住宅为平台的，基于物联网技术的，由硬件（智能家电、智能硬件、安防控制设备、家具等）、软件系统、云计算平台构成的家居生态圈，可实现人们远程控制设备、设备间互联互通、设备自我学习等功能，并通过收集、分析用户行为数据为用户提供个性化的生活服务，使家居生活安全、节能、便捷等。

　　例如，借助智能语音技术，用户应用自然语言实现对家居系统各设备的操控，如开关窗帘（窗户）、操控家用电器和照明系统、打扫卫生等操作；借助机器学习技术，智能电视可以从用户看电视的历史数据中分析其兴趣和爱好，并将相关的节目推荐给用户；通过应用语音识别、脸部识别、指纹识别等技术进行开锁等；通过大数据技术可以使智能家电实现对自身状态及环境的自我感知，具有故障诊断能力；通过收集产品运行数据，发现产品异常，主动提供服务，降低故障率；还可以通过大数据分析、远程监控和诊断，快速发现问题、解决问题及提高效率。

微课 8-8
人工智能的应用案例
——智能家居

2．智能家居的主要功能

　　智能家居不仅能够使各种设备互相连接、互相配合、协调工作，形成一个有机的整体，而且可通过网关与住宅小区的局域网和外部的互联网连接，并通过网络提供各种服务，实现各种控制功能。

　　（1）智能灯光控制

　　智能灯光控制可实现对全宅灯光的智能管理，可以用遥控等多种智能控制方式实现对一键式灯光场景效果的实现，可根据光线强度自动调节灯光亮度，并在有人时自动开灯，无人时自动关灯；可用定时控制、电话远程控制、计算机本地及互联网远程控制等多种控制方式实现功能，从而使智能照明节能、环保、舒适、方便。

　　（2）智能电器控制

　　根据住户要求对家电和家用电器设施灵活、方便地进行智能控制，更大程度地把住户从家务劳动中解放出来。家电设施自动化主要包括两个方面：各种家电设施本身的自动化，以及各种设备进行相互协调、协同工作的自动化。

例如，全自动智能洗衣机可以辨别洗衣量、衣服的质地及脏的程度，并根据这些信息自动确定洗衣液的用量、水位高低、水的温度、洗涤时间和洗涤强度。另外，它还能自动进行故障诊断，发现问题并给出处理建议，这样，洗衣服和洗衣机的保养问题都无须用户操心。

（3）安防监控

随着人们居住环境的升级，人们越来越重视自己的个人安全和财产安全，对人、家庭及住宅小区的安全方面提出了更高的要求。通过对摄像头、红外探测、开关门磁性探测、玻璃破碎探测、煤气探测、火警探测等各种探测装置的信息采集，可以全天 24 小时自动监控是否有陌生人入侵、是否有煤气泄漏、是否有火灾发生等，一旦发生紧急情况就立即进行自动处置和自动报警。

（4）信息服务自动化

智能家居的通信和信息处理方式更加灵活，更加智能化，其服务内容也将更加广泛。将住户的个人计算机和其他家电设施联入局域网和互联网，充分利用网络资源，可以实现从社区信息服务、物业管理服务、小区住户信息交流服务等局域网服务到访问互联网服务、接收证券行情服务、旅行订票服务、网上资料查询服务、网上银行服务、电子商务服务等各种网络服务。在条件具备的情况下，还可以实现远程医疗、远程看护、远程教学等功能。图 8-12 所示为智能家居的主要功能。

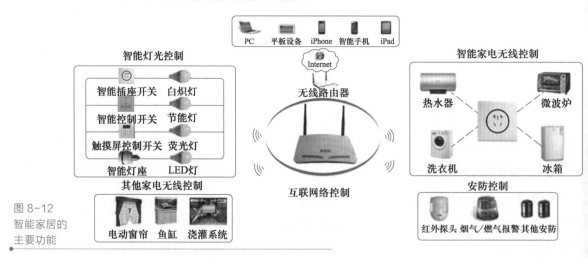

图 8-12
智能家居的
主要功能

根据 2012 年 4 月 5 日中国室内装饰协会智能化委员会发布的《智能家居系统产品分类指导手册》的分类，智能家居系统产品共有如下 20 个分类。

① 控制主机（集中控制器）。

② 智能照明系统。

③ 电器控制系统。

④ 家庭背景音乐。

⑤ 家庭影院系统。

⑥ 对讲系统。

⑦ 视频监控。

⑧ 防盗报警。

⑨ 电锁门禁。

⑩ 智能遮阳（电动窗帘）。

⑪ 暖通空调系统。

⑫ 太阳能与节能设备。

⑬ 自动抄表。

⑭ 智能家居软件。

⑮ 家居布线系统。

⑯ 家庭网络。

⑰ 厨卫电视系统。

⑱ 运动与健康监测。

⑲ 花草自动浇灌。

⑳ 宠物照看与动物管制。

3. 未来的智能家居

未来的智能家居是什么样子的?

从你睡醒后睁开眼的那一刻，就生活在一个智能机器人充斥的环境中：电子时钟会用一首轻快动听的乐曲唤醒你，自动窗帘缓缓拉开，智能卫浴会为你自动调整洗浴水温，智能厨房会为你自动烹饪早餐；等你出门上班时，交通工具会是无人驾驶的机器人汽车；当你走进办公室，你的智能桌子会立刻感应到，为你打开邮箱和一天的工作日程表……

未来的智能家居会更加智能化，更加人性化，给人们带来更多的方便和舒适。人们可以只用一个遥控器，通过无线技术，完成对所有家电、窗帘、浴室设施、报警监视器、照明系统等的控制。中央处理器可以通过计算机识别、语音识别、模式识别等技术，配合你的身体姿态、手势、语音及上下文等信息，判断出你的意图并做出合适的反应或动作，真正实现主动、高效地为你服务。

习 题

一、单选题

1. AI 的英文缩写是（　　　）。

    A. Automatic Intelligence

    B. Artifical Intelligence

    C. Automatice Information

    D. Artifical Information

2. 2016 年 3 月，著名的"人机大战"，最终计算机以 4∶1 的总比分击败世界顶级围棋棋手、职业九段棋手李世石，这台计算机被称为（　　　）。

    A. 深蓝

    B. AlphaGo Zero

    C. AlphaGo

    D. AlphaZero

3. 人工智能的含义最早由一位科学家于 1950 年提出，并且同时提出一个机器智能的测试模型，请问这个科学家是（　　　）。

文本　习题参考答案

A. 明斯基　　　　　　　　　B. 扎德

C. 冯·诺依曼　　　　　　　　D. 图灵

4. 要想让机器具有智能，必须让机器具有知识。因此，在人工智能中有一个研究领域，主要研究计算机如何自动获取知识和技能，实现自我完善，这门研究分支学科叫（　　）。

A. 专家系统　　　　　　　　　B. 机器学习

C. 神经网络　　　　　　　　　D. 模式识别

5. 在（　　）下，输入数据被称为"训练数据"，每组训练数据都有一个明确的标识或结果。

A. 监督式学习　　　　　　　　B. 无监督式学习

C. 强化学习　　　　　　　　　D. 半监督式学习

二、填空题

1. 1943 年，美国心理学家麦卡洛克（W.McCulloch）和数学家皮茨（W.Pitts）根据生物神经元生物电及生物化学的运行机理提出二值神经元的数学模型，即著名的_____。

2. 如果一台机器能够与人类展开对话（通过电传设备）而不能被辨别出其机器身份，那么称这台机器具有智能。这就是著名的_____。

3. 根据训练方法不同，机器学习的算法可以分为四大类：_____、_____、_____和_____。

4. 按结构分类，专家系统可以分为集中式专家系统、_____、_____和_____等。

5. 专家系统一般包括_____、_____、_____、知识获取机构、解释机构和人机接口 6 部分。

三、简答题

1. 列举人工智能的 5 个应用领域。

2. 简述人工神经网络的主要特征。

3. 试对各种不同的机器学习算法进行比较，并分析它们各自的适用场合。

参考文献

[1] 鄂大伟，王兆明. 信息技术导论[M]. 北京：高等教育出版社，2017.

[2] 王勇，黄雄华，蔡国永. 信息论与编码[M]. 北京：清华大学出版社，2013.

[3] 陈彬. 考虑信息泄露风险的企业信息安全外包策略研究[D]. 天津：天津大学，2017.

[4] 陈明. 计算机导论[M]. 武汉：武汉大学出版社，2014.

[5] 蓝志强. 航天科技集团信息安全管理体系存在问题研究[D]. 哈尔滨：哈尔滨工业大学，2009.

[6] 黄如花. 信息检索[M]. 武汉：武汉大学出版社，2010.

[7] 陶进，杨利润. 信息技术基础[M]. 北京：清华大学出版社，2015.

[8] 张玉慧. 网络信息检索与利用[M]. 北京：北京理工大学出版社，2017.

[9] 魏大威. 数字图书馆理论与实务[M]. 北京：国家图书馆出版社，2012.

[10] 刘彦平. 关于网络搜索引擎及其优化的讨论[J]. 电子商务，2011(4)：63-64.

[11] 刘超. 基于文本挖掘的轻量级搜索引擎[D]. 重庆：西南大学，2015.

[12] 贾建萍. 新时期高校图书馆的读者服务[J]. 劳动保障世界，2018(17)：38.

[13] 刘芝奇. 数字图书馆的建设与发展[J]. 信息系统工程，2013(1)：115-116.

[14] 黄正洪，赵志华. 信息技术导论[M]. 北京：人民邮电出版社，2017.

[15] 袁超伟，张金波，姚建波. 三网融合的现状与发展[J]. 北京邮电大学学报，2010，33（6）：1-8.

[16] 梁红英. 老子与计算机[J]. 农村青少年科学探究，2016（Z1）.

[17] 童天添. 基于C#的字符编码映射系统[J]. 陕西科技大学学报(自然科学版)，2010，28：96-99.

[18] 赵玉萍，廖运文. 数据库技术的发展现状及趋势[J]. 长春师范学院学报，2005，24（1）：107-109.

[19] 孟中枢. 浅析利用多媒体是计算机技术发展的必然趋势[J]. 科学技术创新，2018，12（1）：72-73.

[20] 程轶波. 计算机多媒体技术的关键性技术[J]. 电子技术与软件工程，2018，1：160.

[21] 宋火旺. 计算机网络中的存储技术研究[J]. 科技创新与应用，2018，10：142-143.

[22] 黄丽. 浅谈软件工程技术的发展[J]. 电子信息，2018，4：69.

[23] 王静婷，王艳丽，王振辉. 半结构化数据装载到数据仓库的设计与实现[J]. 计算机与数字工程，2018，301（11）：2198-2201.

[24] 林康平，孙杨. 数据存储技术[M]. 北京：人民邮电出版社，2017.

[25] 查伟. 数据存储技术与实践[M]. 北京：清华大学出版社，2016.

[26] 林福宗. 多媒体技术基础[M]. 4 版. 北京：清华大学出版社，2017.

[27] 冬瓜哥. 大话存储后传：次世代数据存储思维与技术[M]. 北京：清华大学出版社，2017.

[28] 小弗雷德里克·布鲁克斯. 人月神话[M]. 汪颖，译. 北京：清华大学出版社，2015.

[29] 薛四新，贾郭军. 软件项目管理[M]. 北京：机械工业出版社，2010.

[30] Cihan Küçükkeçeci, Adnan Yazıcı. Big Data Model Simulation on a Graph Database for Surveillance in Wireless Multimedia Sensor Networks[J]. Big Data Research，2018，11：33-43.

[31] 郑印. 未来网络虚拟存储技术的研究与实现[D]. 南京：南京邮电大学，2016.

[32] Gido. Successful Project Management[M]. Singapore：Gengage Learning，2014.

[33] Osman N. Green Caching in Core Optical Networks:A Current and Future Network Perspective[C]. IEEE International Conference on Cloud Computing，2015.

[34] 吕云翔，张璐，王佳玮. 云计算导论[M]. 北京：清华大学出版社，2017.

[35] 郎登何. 云计算基础及应用[M]. 北京：机械工业出版社，2016.

[36] 武志学. 云计算导论：概念、架构与应用[M]. 北京：人民邮电出版社，2016.

[37] 王崇骏. 大数据思维与应用攻略[M]. 北京：机械工业出版社，2016.

[38] 大河原克行. 图解大数据[M]. 苏小楠，栗烨，译. 海口：南方出版社，2015.

[39] 林子雨. 大数据基础编程、实验和案例教程[M]. 北京：清华大学出版社，2017.

[40] 廖劲为，于娟. 大数据产业研究综述[J]. 现代商贸工业，2018，39（6）：7-11.

[41] 陈军成，丁治明，高需. 大数据热点技术综述[J]. 北京工业大学学报，2017，43（3）：358-367.

[42] 祝智庭，孙妍妍，彭红超. 解读教育大数据的文化意蕴[J]. 电化教育研究，2017，38（1）：28-36.

[43] 高强，张凤荔，王瑞锦，等. 轨迹大数据：数据处理关键技术研究综述[J]. 软件学报，2017，28（4）：959-992.

[44] 宋杰，孙宗哲，毛克明，等. MapReduce 大数据处理平台与算法研究进展[J]. 软件学报，2017，28（3）：514-543.

[45] 姚哲. 大数据研究综述[J]. 宁波职业技术学院学报，2017，21（5）：36-40.

[46] 刘凤娟. 大数据的教育应用研究综述[J]. 现代教育技术，2014，24（8）：13-19.

[47] 李锃. 基于大数据的广州城市道路交通管理创新研究[D]. 广州：华南理工大学，2017.

[48] 何庆柱，王强，李明俊，等. 大数据助力航空公司提升运行质量和服务体验[J]. 民航管理，2017，2：38-44.

[49] 郭丹丹. 大数据在会计档案管理中的应用前景[J]. 内蒙古科技与经济，2014，11：69-72.

[50] 张骁，应时，张韬. 应用软件运行日志的收集与服务处理框架[J]. 计算机工程与应用，2018，54（10）：81-89+142.

[51] 陶茂丽，王泽成. 大数据时代的个人信息保护机制研究[J]. 情报探索，2016，1：

12-19.

[52] 刘家国，周锦霞. 基于 BI 理论的大数据网络营销模型研究[J]. 电子科技大学学报（社科版），2018，20，3：1-8.

[53] 沈游，黄石生，肖远淑. 棉纤维检验"大数据"的应用[J]. 中国棉花加工，2017，6：22-25.

[54] 李雨航. 大数据应用研究综述[J]. 科学大众（科学教育），2017，8：215-216.

[55] 陈瞳，朱志慧. 大数据技术的发展情况综述[J]. 福建电脑，2017，33（3）：1-4.

[56] 谢然. 大数据社会的具体场景[J]. 互联网周刊，2014（22）：60-65.

[57] 张静. 大数据技术在学生业绩分析中的研究与应用[D]. 长春：吉林大学，2016.

[58] 文洋. 美国的"大数据"发展战略新动向[N]. 学习时报，2014-10-27（002）.

[59] 刘凤娟. 大数据的教育应用研究综述[J]. 现代教育技术，2014，24（8）：13-19.

[60] 刘丽君，邓子云. 物联网技术与应用[M]. 北京：清华大学出版社，2017.

[61] 赵涛. 基于"物联网"的城市智慧交通系统的应用研究[J]. 数字电子与应用，2018（3）：34-35.

[62] Ye Wencai. Research on the Application of Internet of Things Technology in Intelligent Home [C]. Proceedings of 2017 5th International Conference on Mechatronics，Materials，Chemistry and Computer Engineering（ICMMCCE 2017），2017（4）：200-211.

[63] 唐玉林. 物联网技术导论[M]. 北京：高等教育出版社，2014.

[64] 冯泽冰，方琳. 区块链技术增强物联网安全应用前景分析[J]. 电信网技术，2018（2）：1-5.

[65] 叶智全. 物联网在生活中的应用[J]. 电子技术与软件工程，2018（4）：9-10.

[66] 贾垂邦. 浅析物联网技术与发展[J]. 科技风，2018（1）：70-83.

[67] 高杰. 基于 RFID 技术物联网关键技术研究 [J]. 江西通信科技，2018（2）：10-12.

[68] 李美莲，郑杨. 物联网与电子标签[J]. 今日科苑，2010，7：136-136.

[69] 胡麦玲. 全球定位系统的发展和应用[J]. 图书情报导刊，2005，15（22）：144-146.

[70] 邓芳明. 简述物联网[J]. 学周刊，2011（24）：187-187.

[71] 张清霞. 物联网技术与应用[J]. 宽带中国战略与创新学术研讨会（30）论文集，2012.

[72] 吴德本. 物联网综述[J]. 有线电视技术，2011，18（1）：116-118.

[73] 王瑞刚. 物联网主要特征与基础理论研究[J]. 计算机科学，2012，39（b06）：201-203.

[74] 张罡. RFID 技术在物联网中的应用分析[J]. 电脑知识与技术，2012（32）：7874-7876.

[75] 李娜. 露天矿大型生产汽车自动控制系统设计[D]. 鞍山：辽宁科技大学，2012.

[76] 龚海伟，奚晓轶. 三网融合推动下 NGB 和物联网技术的综合应用与展望[J]. 视听界（广播电视技术），2011（2）：38-41.

[77] 丁琳. 消费升级时代物流技术革新[J]. 科学之友（上半月），2017，12：7-9.

[78] 简明. 车联网企业发力智能物流业蓝海[J]. 中国公共安全. 2016，6：100-103.

[79] 吴大鹏，欧阳春，迟蕾，等. 移动互联网关键技术与应用[M]. 北京：电子工业出版社，2014.

[80] 郑凤，杨旭，胡一闻，等. 移动互联网技术架构及其发展[M]. 2 版. 北京：人民邮电出版社，2017.

[81] 黄永慧，陈程凯. HTML5 在移动应用开发上的应用前景[J]. 计算机技术与发展，2013，23（7）：208-210.

[82] 中国互联网络信息中心. 第 41 次中国互联网络发展状况统计报告[S]. 中国互联网络信息中心工作委员会，2018.

[83] 人民网研究院. 中国移动互联网发展报告（2017）[S]. 人民网，2017.

[84] 王新兵. 移动互联网导论[M]. 2 版. 北京：清华大学出版社，2017.

[85] 移动互联网蓝皮书编辑团队. 中国移动互联网发展报告（2017）[Z]. 人民网，2017.

[86] 移动互联网蓝皮书编辑团队. 中国移动互联网发展报告（2018）[Z]. 人民网，2018.

[87] 王新兵. 移动互联网导论[M]. 2 版. 北京：清华大学出版社，2017.

[88] 李雪昆. 这些变化越早知道越有利[N]. 中国新闻出版广电报，2017.

[89] 任文龙. 移动互联网技术特点浅析[J]. 中小企业管理与科技，2013.

[90] 张旭东. 可穿戴设备的人体关怀和隐私迷宫[J]. 广告大观（综合版），2013.

[91] 张超. 移动 IPv6 切换技术的研究[D]. 西安：西安电子科技大学，2010.

[92] 朱璇. 移动 IPv6 的切换技术[D]. 北京：北京邮电大学，2007.

[93] 邹永杰. 移动 IPv6 的安全性研究[D]. 西安：西安理工大学，2007.

[94] 赵耀培. 组网传播技术研究与分析[D]. 济南：山东师范大学，2005.

[95] 符刚. 移动 VPN 解决方案[J]. 邮电设计技术，2004.

[96] 韩旭东. 基于 HTML5 跨平台开发[J]. 中国新通信，2018.

[97] 黄波，张小华，黄平，等. HTML App 应用开发教程[M]. 北京：清华大学出版社，2018.

[98] 丁锋，陆禹成. HTML5+jQuery Mobile 移动应用开发[M]. 北京：清华大学出版社，2018.

[99] 胡振平. 中国联通应对即时通信挑战的策略研究[D]. 乌鲁木齐：新疆大学，2014.

[100] 史忠植. 人工智能[M]. 北京：机械工业出版社，2016.

[101] Hinton G E. Deep learning[C]. Invited Speaker, 29th AAAI Conference on Artificial Intelligence, Austin, 2015.

[102] Merolla P A, Arthur J V, Alvarez-Icaza R, et al. A million spiking-neuron integrated circuit with a scalable communication network and interface[J]. Science, 2014, 345（6197）：668-672.

[103] Shi Z Z, Ma G, Yang X, et al. Motivation learning in mind model CAM[J]. International Journal of Intelligence Science, 2015, 5（2）：63-71.

[104] 中国电子技术标准化研究院. 人工智能标准化白皮书（2018 版）[S]. 国家标准化管理委员会，2018.

[105] 李航. 对于 AI，我们应该期待什么？[J]. 中国计算机学会通讯，2016，12（11）：50-54.

[106] 应行知. 什么是机器学习[J]. 中国计算机学会通讯，2017，13（4）：42-45.

[107] 周志华. 关于强人工智能[J]. 中国计算机学会通讯，2018，14（1）：45-46.

[108] 周婧，王晓楠．人工智能时代信息技术教学模式探究[J]．计算机教育，2017，（12）：109-112.

[109] 郝勇胜．对人工智能研究的哲学反思[D]．太原：太原科技大学，2012，07.

[110] 张娜．"中文屋论证"问题的探讨[D]．上海：复旦大学，2009，05.

[111] 王新华，肖波．人工智能及其在金融领域的应用[J]．银行家，2017(12)：126-128.

[112] 钟文艳．美国智能医疗产业发展现状分析[J]．全球科技经济瞭望，2017，32(6)：38-44.

[113] 秦牧．引导驱动人工智能有机成长[N]．机电商报，2018-01-29.

[114] 赵晨阳．机器学习综述[J]．数字通信世界，2018（1）：109-109.

[115] 陈军．自适应反馈单神经元模型混沌非线性电路实现设计研究[J]．海南大学学报（自然科学版），2013，31（1）：12-19.

[116] 毛健，赵红东，姚婧婧．人工神经网络的发展及应用[J]．电子设计工程，2011（12）：62-65.